ISBN 978-3-662-23503-4 ISBN 978-3-662-25574-2 (eBook)
DOI 10.1007/978-3-662-25574-2

Die in den Sitzungsberichten Abtlg. I und Abtlg. II der math.-nat. Klasse der Österr. Ak. d. Wiss. erscheinenden Abhandlungen werden auch einzeln abgegeben. Sie können durch jede Buchhandlung oder direkt durch die Auslieferungsstelle der Österreichischen Akademie der Wissenschaften (Wien I, Singerstraße 12) bezogen werden.

Nachfolgende Abhandlungen aus den Fächern **Geologie, Mineralogie** und **Geographie** sind erschienen:

1959 (S I Bd. 168):

Flügel Helmut und Maurin Viktor: Ein Vorkommen vulkanischer Tuffe bei Eibiswald (Südweststeiermark). S 4.50

Hanselmayer Josef: Beiträge zur Sedimentpetrographie der Grazer Umgebung XI. Petrographie der Gerölle aus den pannonischen Schottern von Laßnitzhöhe, speziell Grube Griessl (mit 6 Figuren auf 3 Tafeln). S 40.10

Leischner Winfried: Zur Mikrofazies kalkalpiner Gesteine (mit 17 Textabbildungen, davon 1 auf einer Beilage und 6 Tafeln). S 52.40

Mitzopoulos M.: Erster Nachweis von Gosauschichten in Griechenland (mit 3 Textabbildungen und 2 Tafeln). S 16.30

Sander Bruno: Beiträge zur morphologischen Kennzeichnung der Erde. S 89.—

Thurner Andreas: Die Geologie des Gebietes zwischen Neumarkter und Perchauer Sattel (mit 5 Textabbildungen). S 15.50

1960 (S I Bd. 169):

Hanselmayer J.: Beiträge zur Sedimentpetrographie der Grazer Umgebung XIII. Ein „Andesit-Gerölle" aus der Sandgrube in Dornegg bei Nestelbach-Schemerl (mit 2 Abbildungen auf 1 Tafel). S 11.—

Hanselmayer J.: Beiträge zur Sedimentpetrographie der Grazer Umgebung XIV. Petrographie der Gerölle aus den pannonischen Schottern von Laßnitzhöhe, speziell Grube Griessl (mit 4 Textabbildungen und 2 Tafeln). S 20.—

1961 (S I Bd. 170):

Hanselmayer Josef, Beiträge zur Sedimentpetrographie der Grazer Umgebung XV. Petrographie der pannonischen Schotter von Hönigthal (mit 1 Textabbildung und 1 Tafel). S 170—29, S 26.90

Hanselmayer Josef, Beiträge zur Sedimentpetrographie der Grazer Umgebung XVI. Ein massiges, grünlichgraues Porphyroidgerölle aus den pannonischen Schottern von der Platte-Graz (mit 1 Tafel). S 170—30, S 9.—

Vaché Raimund, Prädiluviale Hochgebirgsbrekzien im mittleren Wettersteingebirge (mit 3 Textabbildungen und 1 Beilage). S 170—31, S 15.—

1962 (S I Bd. 171):

Hanselmayer Josef, Beiträge zur Sedimentpetrographie der Grazer Umgebung XVII. Fund eines Lazulith-Quarzfels-Gerölles im Würmglazialschotter von Graz (Don Bosko) (mit 4 Abbildungen auf 1 Tafel) 171—1, S 9.—

Hanselmayer Josef, Beiträge zur Sedimentpetrographie der Grazer Umgebung XVIII. Erster Einblick in die petrographische Zusammensetzung steirischer Würmglazialschotter (speziell Schottergrube Don Bosko, Graz) (mit 4 Abbildungen auf 2 Tafeln) 171—3, S 47.—

Kaumanns M., Zur Stratigraphie und Tektonik der Gosauschichten. II. Die Gosauschichten des Kainachbeckens (mit 8 Abbildungen und 3 Tafeln) 171—17, S 50.—

Kristan-Tollmann Edith und Tollmann Alexander, Die Mürzalpendecke — eine neue hochalpine Großeinheit der östlichen Kalkalpen (mit 1 Abbildung) 171—2, S 37.—

Schoklitsch Karl, Untersuchungen an Schwermineralspektren und Kornverteilungen von quartären und jungtertiären Sedimenten des Oberpullendorfer Beckens (Landseer Bucht) im mittleren Burgenland 171—4, S 124.—

Tollmann Alexander, Die Frankenfelser Deckschollenklippen der Grestener Klippenzone als Typus tektonischer Deckschollenklippen 171—6, S 12.—

Winkler-Hermaden Arthur, Die jüngsttertiäre (sarmatisch-pannonisch-höherpliozäne) Auffüllung des Pullendorfer Beckens (= Landseer Bucht E. Sueß') im mittleren Burgenland und der pliozäne Basaltvulkanismus am Pauliberg und bei Oberpullendorf — Stoob (mit 5 Textabbildungen, 5 Tafeln mit je zwei Lichtbildern in Schwarzdruck und 3 Tafeln in Farbdruck) 171—5, S 84.—

Höhlenperlen (Cave Pearls) aus Bergwerken

Vorkommen in 10 m und in 250 m Teufe (Guggenbach/Steiermark und Clausthal/Harz)

Von Martin Kirchmayer[1]

Mit 18 Figuren und 6 Tabellen im Text

(Vorgelegt in der Sitzung am 21. Februar 1964)

Inhaltsverzeichnis

	Seite
1. Zusammenfassung	310
2. Geschichtliches	311
3. Terminologie	312
4. Ziel der Untersuchungen	313
5. Vorkommen von Höhlenperlen	313
6. Höchstalter der Höhlenperlen	317
7. Sedimentpetrographische Merkmale der Höhlenperlen	317
7.1. Größe	317
7.2. Farbe	318
7.3. Aufbau	318
7.3.1. Kern	319
7.3.2. Ringe	319
7.3.3. Umkristallisation	322
7.4. Oberfläche	324
7.5. Kornform	326
7.6. Rundung	326
8. Klimastatistische Hinweise	328
9. Höhlenperlen aus großer Teufe	329
10. Sedimentologische Hinweise	340
11. Strukturelle und genetische Hinweise	340
11.1. Kontinentaler Bildungsraum	340
11.2. Mariner Bildungsraum	341
11.3. Atmosphärischer Bildungsraum	344
12. Literaturverzeichnis	346

[1] Anschrift des Verfassers: Wien XX, Raffaelgasse 20/2, Österreich; c/o min.-petr. Institut der Universität Heidelberg, 69 Heidelberg, Hauptstraße 47/51, Bundesrepublik Deutschland.

1. Zusammenfassung

Höhlenperlen, untersucht seit 1855, definiert im Jahre 1913, wachsen in in Höhlen und aufgelassenen Bergwerken eindringenden Wasserzuflüssen durch vorwiegend externe Anlagerung von Karbonat um einen Kern aus Gesteins- und Mineralbruchstücken. (Wegen der Möglichkeit einer Altersfeststellung sind jene in Bergwerken aufgesammelten und untersuchten Objekte die wertvollsten.) Die Höhlenperlen sind strukturell Ooide, teilweise mit onkoidem Kern. Sie werden seit 1902 in wissenschaftlichen Bearbeitungen abgebildet und seit 1930 als ,,Höhlenperlen", ,,Cave Pearls" ,,Perles des Cavernes" usw. genauer untersucht. Die Resultate der bisher beschriebenen über die ganze Welt verstreuten Vorkommen sind zu Beginn der Bearbeitung zusammengestellt und kurz inhaltlich erwähnt. Eigene Untersuchungen an bis ca. 115 Jahre alten Höhlenperlen aus Erzbergwerken geringer und großer Teufe folgen. Die gewonnenen Daten ordnen sich in die seit 1909 aktuelle, durch Experimente gestützte Untersuchungsreihe der Hagelkörner und anderer rezenter Ooide sowie der rezenten und fossilen Süßwasser- und Marin-Ooide hervorragend ein und erweitern die durch Experimente an Ooid-Modellen gewonnenen Erkenntnisse bedeutend. Dabei wurde das Einteilungsprinzip der Ooide neu diskutiert (Tab. 5). Die Morphologie rezenter Marin-Ooide wurde einander gegenübergestellt (Tab. 4). Es können rezente Höhlenperlen aus geringer und großer Teufe voneinander unterschieden werden (Tab. 3). Die Merkmale rezenter Höhlenperlen ergeben mit fossilen Marin-Ooiden interessante Vergleiche (Tab. 6). Da rezente Höhlenperlen in einem ,,Laboratorium unter natürlichen Bedingungen" gewachsen sind sowie diagenetisch verändert wurden (Ausbildung der Schichtung durch externe Anlagerung, LIESEGANG-Ausfällung, Entstehung von Schwundrissen, Klüftchen sowie deutliche Rekristallisationserscheinungen usw.), erlaubt die Verbindung dieser erfaßbaren Merkmale zu den beschreibbaren Untersuchungsresultaten fossiler Süßwasser-, Marin- und auch vererzter Ooide richtungweisende Aussagen.

Die Höhlenperlen bilden darüber hinaus eines der Grundlagenbeispiele für die Bearbeitung von Sedimentsphäriten mit Hilfe des Symmetrie-Konzeptes; makrogefügekundlich wären sie der Symmetrieklasse $K_{\infty h}$ einzuordnen. Die Radialstruktur kann mit $K_{\infty h}$, die Kegelstruktur mit $C_{\infty v}$ beschrieben werden.

Der Verfasser begann die Studien am mineralogisch-petrographischen Institut der Universität Wien (Vorstand: Herr Prof. DDr. H. WIESENEDER); die ersten Ergebnisse sind veröffentlicht (KIRCHMAYER 1962, 1964). Die Fortsetzung der Arbeiten wurde durch eine von der Österreichischen Akademie der Wissenschaften aus den Mitteln der ZACH-Widmung (Nr. 1615/61) gewährten Subvention sowie durch eine Förderung von der Geologischen Abteilung der Westfälischen Berggewerkschaftskasse, Bochum (Leiter: Herr Prof. Dr. C. HAHNE) wesentlich erleichtert, wofür der Verfasser seinen ergebensten Dank ausspricht. Ein Teil der Arbeiten wurde am Geologischen Institut der Bergakademie Clausthal, Technische Hochschule (Vorstand: Herr Prof. Dr. A. PILGER) ausgeführt.

2. Geschichtliches

Die Verwendung des Namens „Höhlenperlen" ließ sich bis DAWKINS (1874) zurückverfolgen. Höhlenperlen und ihre Entstehung aber wurden bereits von BREITHAUPT 1855, SENFT 1861 und ROTH (1879: 534) beschrieben. Hinweise sind auch bei BALCH (1914) nachzulesen. ERDMANN (1902) nennt sie Pisolithe. GASSER (1913: 151) verwendete die Bezeichnung „Höhlenperlen" mit folgender Definition: „Unregelmäßige, außen schlüpfrig glatte, innen concentrisch schalige, stecknadelkopfgroße Gebilde mit zentralem Kern ... Farbe bald milchigweiß, bald bräunlich ... sie stammen vielleicht von der kontinuierlichen Kreiselbewegung sprudelnder Quellwässer ..." Diese Definition wurde in der Folgezeit bis auf „Taubenei"-große Gebilde erweitert. 1925 gab ihnen Dr. W. T. LEE, U. S. Geological Survey, erneut den „most fancyful name" Cave Pearls (in: HESS 1930: 1). HESS stellte die Höhlenperlen im Anschluß an EMMONS (1928: 308) eingehend dar. DAVIDSON & MCKINSTREY (1931: 289) und KELLER (1937: 263) setzten die Untersuchungen fort. CASTARET (1933: 256) beschrieb die „perles des cavernes" oder „perles des grottes" aus einer Höhle in Frankreich; die Arbeiten von MACKIN & COOMBS (1945: 58) und POND (1945: 55) wurden von BAKER & FROSTICK (1947: 39), einer sehr umfangreichen Darstellung der „Cave Pearls" in Australien, abgelöst. TWENHOFEL (1950: 623, Fig. 80) zählte die „Cave Pearls" zu den „oölites or pisolites".

BAKER & FROSTICK (1951) teilten neuerlich von Australien Untersuchungsergebnisse mit. Aus Italien liegen Untersuchungen von BARTSCH (1958: 63) vor. BENICKY (1959?) und SKALSKI (1959) erwähnen sie kurz. BARCZYK (1956) gibt eine sehr eindrucksvolle Darstellung und KETTNER (1959) bringt sie in seinem Lehrbuch. CONCHAR & MANSON (1961) beschreiben Höhlenperlen aus einem Fire Clay Bergwerk. Die Höhlenperlen zeigen dort Gel-Anlagerungen und die Autoren ziehen eine Verbindung zu den jahreszeitlichen Niederschlagsschwankungen. KIRCHMAYER (1962: 245) untersuchte die aus einem aufgelassenen Bergwerk in Österreich stammenden Höhlenperlen und vermerkte auch einige Vorkommen aus der Slowakei und Österreich. In fast allen einschlägigen Sammlungen liegen Höhlenperlen.

Aus der Kitzlochklamm, Österreich, beschrieb Herr W. HOMANN, Institut für Geologie der T. H. Darmstadt, ein weiteres Vorkommen:

Lage: Bundesstraße 159 von Zell am See über Werfen nach Salzburg (Freytag-Berndt-Karte 1:100.000, Blatt 8, östliches Salzkammergut). Bei dem Ort Taxenbach befindet sich südlich eine Abzweigung zur Kitzlochklamm. In der Klamm liegt etwa 200 m oberhalb der 1. Klammbachbrücke auf der rechten Seite die unscheinbare, jedoch leicht erkennbare Höhlenöffnung (kein Stollen!).

Die Höhle selbst ist leicht zugänglich und führt etwa 50—60 m in den Berg hinein. Die Ooidbildung ist auf die ersten 12 m in der Eingangsregion beschränkt und somit den Witterungsschwankungen in extremer Weise ausgesetzt.

Bemerkenswert an dieser Fundstelle sind 3 Tatsachen:
1. Der Perlenreichtum. Die Bildungsfläche ist auf etwa 20 m^2 beschränkt. Hier liegen die Ooide jedoch geradezu massenhaft in großen, sehr flachen Bodenvertiefungen unter flacher Wasserbedeckung (vgl. KETTNER 1959: 228).
2. Die Ooiddurchmesser schwanken in der überwiegenden Mehrzahl zwischen 1—4 mm ⌀. Exemplare über 8 mm ⌀ sind selten, während Ooide über 12 mm ⌀ nicht mehr gefunden wurden.
3. Die Ooide bis zu 3 mm ⌀ besitzen meist noch die glänzende Oberfläche. Größere Exemplare zeigen matte, rauhe Oberflächen mit unregelmäßigen — meist einseitigen — Anwachserscheinungen. Es könnte dies auf die bereits erwähnte sehr flache Wasserbedeckung zurückzuführen sein. Die größeren Exemplare — insbesondere wenn sie die Wasseroberfläche berühren oder durchbrechen — werden wahrscheinlich vom Wasser nicht mehr bewegt und wachsen somit bevorzugt einseitig weiter.

3. Terminologie

Der Name „Höhlenperlen" wurde ursprünglich teils für alle nachfolgend genannten Bildungen, teils aber nur für die Varietät mit glänzender Oberfläche verwendet. Die Höhlenperlen bestehen aus einem aus verschiedenen Gesteins- oder Mineralbruchstücken, in seltenen Fällen auch aus Calcitaggregaten gebildeten Kern und aus streng konzentrisch, im Sinne von SANDER (1950: 312) extern angelagerten Ringen. Ein Medianschnitt ergibt ein sehr einprägsames Bild. Manchmal ist der erste der Ringe nicht durchlaufend, sondern abgesetzt und zeigt unregelmäßige wolkige Konturen (MACKIN & COOMBS 1945; KIRCHMAYER 1961). Nach FLÜGEL & KIRCHMAYER (1962) sind die Höhlenperlen (= Cave Pearls, Perles des Cavernes) strukturell Ooide, teilweise mit einem onkoiden Kern, entstanden durch vorwiegend externe Anlagerung.

Genetisch unterscheiden sich die Höhlenperlen von den Ooiden dadurch, daß sie nicht in einem marinen, sondern in einem kontinentalen Bildungsraum entstehen (vgl. KRUMBEIN & SLOSS 1955: 196). Da für rezente oder fossile Ooid-Bildungen im marinen Bildungsraum der seit 1908 verwendete Name „Ooid" bzw. „Oolith" strukturell (vgl. FLÜGEL & KIRCHMAYER 1962) und genetisch verwendet wird, wäre vorzuschlagen, daß für die equivalenten rezenten und fossilen Ooid-Bildungen des kontinentalen Bildungsraumes der Höhle bzw. von Bergwerken die seit 1930 verwendeten Namen „Höhlenperlen", „Cave Pearls" oder „Perles des Cavernes" als typische, genetische Bezeichnungen in der von GASSER (1913: 151) aufgestellten und im Laufe der Untersuchungen erweiterten Definition gebraucht werden.

KUMM (1927) gibt eine genetische Einteilung und stellt die Höhlenperlen neben den Quellen-Ooiden (kalte Quellen) und Pisoiden (heiße Quellen) — vgl. ROYER 1939 — zu den lakustren Süßwasserbildungen und diese wieder gemeinsam mit den Marin-Ooiden zu den Sedimentsphäriten.

4. Ziel der Untersuchungen

Mikrofazielle Untersuchungen (z. B. FLÜGEL 1962) zeigen, daß in Kalken Ooide sehr häufig sind. Die weite Verbreitung der Oolithe in verschiedenen geologischen Formationen (z. B. oolites series, englischer Dogger, Oolithe des alpinen Rhät etc.) ist bekannt. Da sich in den Höhlenperlen die Klimastatistik und die damit zusammenhängenden Bedingungen des weiteren kontinentalen Bildungsraumes widerspiegeln (vgl. KIRCHMAYER 1962: 229), ist arbeitshypothetisch der Schluß zulässig, daß sich bei Ooiden des marinen Bildungsraumes ebenfalls im Wachstumsgefüge die Bedingungen des Ablagerungsraumes abbilden. Die in Höhlen und aufgelassenen Bergwerken in verschiedener Teufe gewachsenen Höhlenperlen sind ein ideales Studienobjekt, da das Alter der Bildungen abgeleitet und den Aufzeichnungen über Niederschlagsmenge und Außentemperatur gegenübergestellt werden kann. Weiters können Merkmale gefunden werden, durch welche sich abgerollte Gefügekörner, z. B. Pseudoooide (Definition in FLÜGEL & KIRCHMAYER 1962), von extern gewachsenen Ooid-Bildungen, bei denen markante terminologische Charakteristika zerstört wurden, unterscheiden lassen.

Die Höhlenperlen bilden eines der Grundlagenbeispiele für die Bearbeitung von Sedimentsphäriten im Rahmen des Symmetrie-Konzeptes (KIRCHMAYER 1965).

5. Vorkommen von Höhlenperlen

In Höhlen und Bergwerken werden durch vom First herabtropfendes Wasser an nicht verfestigten Stellen der Sohle trichterförmige Eindellungen ausgekolkt. Kalkreiche Wässer kleiden diese Eindellungen zu Pfannen, Näpfen, Trichtern oder Schüsseln aus

(ERDMANN 1902: 501, CASTARET 1933: 256, HESS 1930: 1, KELLER 1937: 108, MACKIN & COOMBS 1945: 58 usw.), vgl. Abb. 1 und 2. Nach KELLER (1937) haben die Pfannen eine Oberfläche von einigen „square inches", nach MACKIN & COOMBS (1945) messen sie 3—7 cm, nach DAVIDSON & MCKINSTREY (1931) bis 30 cm im Ø und nach DAVIDSON & MCKINSTREY (1931) sowie KELLER (1937) sind sie 1—2 cm tief. KIRCHMAYER (1961), vgl. Fig. 1 und 2, fand dieselben Werte. Meistens ist eine größere Anzahl von Pfannen — meist 3 Arten, vgl. Fig. 2 — vorhanden, in denen einige bis mehrere

Fig. 1: Fundstelle der Höhlenperlen in einem aufgelassenen Bergwerksstollen in Guggenbach, Steiermark/Österreich. Höhe des Stollens ca. 2,50 m. Beachte die Sinterbildung am First, an den Ulmen und auf der Sohle.
(Situation of the occurrences of Cave Pearls in an extinct mine at Guggenbach, Styria/Austria. Height of the gallery appr. 2.50 m. Note the formation of sinter.)

hundert, ja sogar tausende Höhlenperlen liegen (DAVIDSON & MCKINSTREY 1931, KIRCHMAYER 1962). Teils sind die Pfannen prall gefüllt (MACKIN & COOMBS 1945), teils ist nur der Schüsselboden bedeckt (CASTARET 1933).

Die Höhlenperlen (Fig. 3) bilden sich bei geeigneten Bedingungen sowohl im Bereich von metamorphen Gesteinen als auch

Fig. 2: Detailaufnahme aus Fig. 1: Ort der Entstehung der Höhlenperlen. Beachte 3 Arten von Vorkommen: (a) ein rundes „Nest", (b) mehrere unregelmäßig geformte „Nester" und (c) versinterte oder trocken gefallene Ansammlungen aus einer früheren Entstehung.

(Detail of Fig. 1. Note the different types of occurrences of Cave Pearls: (a) round nest, (b) irregularly shaped nests, (c) some cave pearls obviously originating from an earlier formation, now sintered.)

von Ergußgesteinen. An der Auffallstelle schwemmen die herabfallenden Wassertropfen die feinen Sedimentanteile weg, so daß in der Eindellung Gesteinsbruchstücke zurückbleiben, die durch die Wasserbewegung nicht versintern können, sondern als Kerne für die Ooidbildung dienen. In Sandsteinen hingegen scheinen sich die Sandkörner zu verkitten und bilden dann die sogenannten „negativen Stalagmiten", die denselben Querschnitt wie die Pfannen zeigen (BARTSCH 1958: 66).

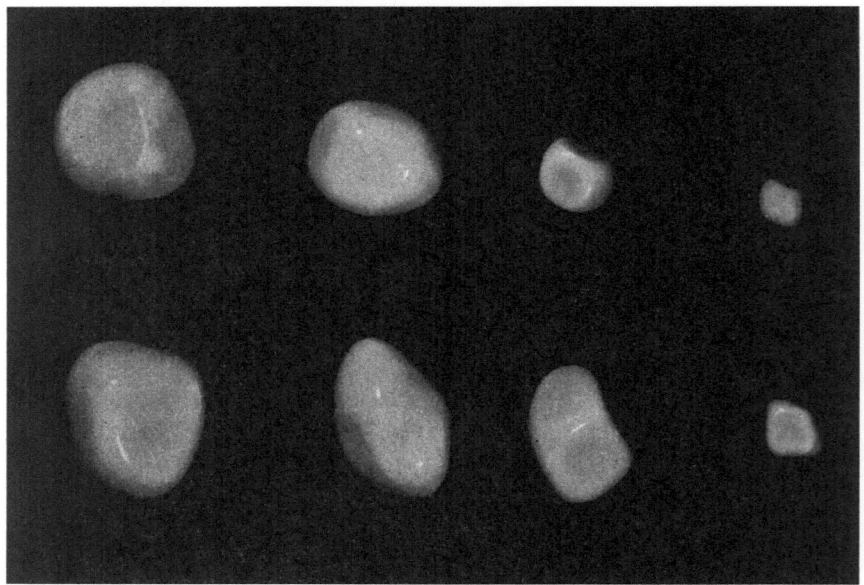

Fig. 3: Einige Höhlenperlen von Guggenbach, Steiermark; das kleinste Korn mißt 3,0 mm ⌀, das größte 11,0 mm ⌀.

(Some Cave Pearls from Guggenbach, Styria; smallest one 3.0 mm ⌀, largest one 11.0 mm ⌀.)

Meist ist in derartigen Höhlen Sinter- und Tropfsteinbildung allgemein zu beobachten (MACKIN & COOMBS 1945, KIRCHMAYER 1962), Fig. 1 und 2. In Guggenbach betrug die Lufttemperatur (KIRCHMAYER 1962: 265) im Sommer 7,7—9,8°C, im Winter 3,8—4,2°C; die Wassertemperatur im Sommer 9,6°C, im Winter 8,1°C und die Luftfeuchtigkeit im Sommer 89—99% und im Winter 90—97%.

In den meisten Fällen wird von einer mäßigen (MACKIN & COOMBS 1945) oder schlechten Bewetterung berichtet (KIRCHMAYER 1962). Das sich am First zur Tropfenbildung sammelnde Wasser kommt selten aus Spalten, sondern sickert meist ein und bringt so gelöstes Karbonat aus dem umliegenden Gestein mit. In Guggenbach/Österreich fließt es nach dem Auffallen der Tropfen in der Pfanne ab, versickert und verdunstet unweit von der Bildungsstelle der Ooide (KIRCHMAYER 1962). DAVIDSON & MAC KINSTREY (1931) beschreiben nur eine Verdunstung des Wassers und stagnierende Wasserverhältnisse.

6. Höchstalter der Höhlenperlen

DAVIDSON & McKINSTREY (1931) nennen ca. 25 Jahre, MACKIN & COOMBS (1945) 35—42 Jahre, KIRCHMAYER (1962) 120 Jahre, TOLLMANN (in: KIRCHMAYER 1962: 250) 170 Jahre und CASTARET (1933: 257) ,,vielleicht mehrere hundert Jahre" als mögliches Höchstalter, das ab dem Zeitpunkt des letzten Aufenthaltes von Menschen in den jeweiligen Bergwerken bzw. der Betriebsstillegung gerechnet wird.

7. Sedimentpetrographische Merkmale der Höhlenperlen

7.1. Größe: Nach ERDMANN (1902) 2—5 bzw. 5—14 mm ⌀; nach CASTARET (1933: 256) schwankt die Größe der Körner zwischen der eines Stecknadelkopfes und jener eines Taubeneies (woher auch der Name ,,Taubeneier" für derartige Gebilde kommt); KELLER (1937) gibt als größten Durchmesser 15 mm an, MACKIN & COOMBS (1945) nennt 2—15 mm als ⌀, KIRCHMAYER (1962) führt ganz allgemein 1—15 mm und in einzelnen Fällen auch bis zu 40 mm als ⌀ an. Genaue Angaben vermitteln Tab. 1, Histogramm, Häufigkeitskurve und Summenkurve (Fig. 4).

Tab. 1: Größe der Höhlenperlen aus Guggenbach, Steiermark

⌀ in mm	Gewicht (g)	%	Summen-%	Anzahl der Körner
< 1	0,5	0,5	100,0	45
1—< 2	10,5	5,0	99,5	1715
2—< 4	7,0	4,0	94,5	83
4—< 7	83,8	41,5	90,5	375
7—< 10	65,8	33	49,0	78
> 10	32,0	16	16,0	10
				2306

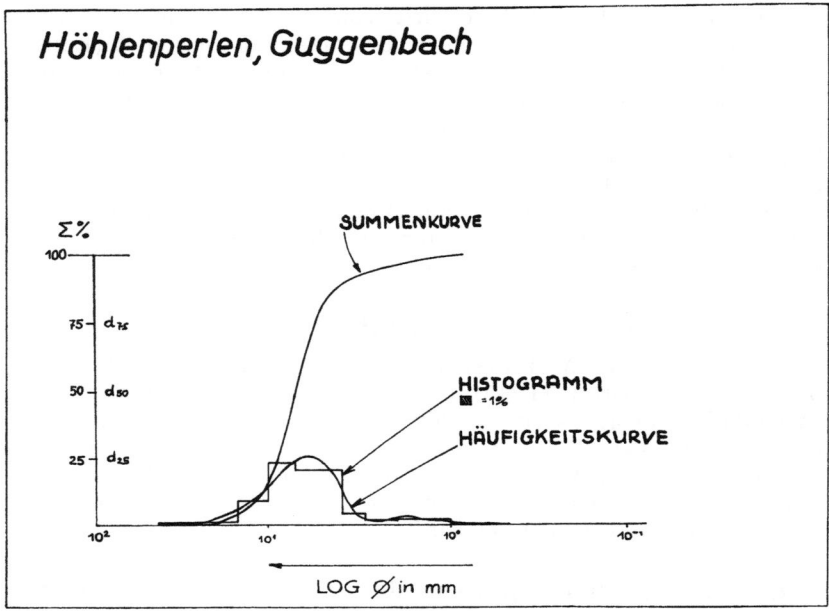

Fig. 4: Höhlenperlen, Guggenbach, Steiermark; Korngröße: Histogramm, Häufigkeits- und Summenkurve.
(Cave Pearls, Guggenbach, Styria; histogramm, frequency and cummulative curves.)

Histogramm, Häufigkeits- und Summenkurve (Fig. 4) ergeben einen Sortierungskoeffizienten (nach TRASK) von 1,11 (= gute Sortierung) und einen Symmetriekoeffizienten (nach TRASK) von 1,23 (= Auswaschungssediment, vgl. PETTIJOHN 1957, KAUFMANN & WIESENEDER 1957).

7.2. Farbe: Bei KIRCHMAYER (1961) sind die Höhlenperlen blaßgelbgrau (GSA Farbkartenbestimmung 5 Y 7/2), bei TOLLMANN (in: KIRCHMAYER 1962) weiß, N 9, bei HESS (1930) weiß, z. T. mit gelblichem Schimmer oder gelblichen Flecken, bei GASSER (1913) milchigweiß oder bräunlich und bei ERDMANN (1902) weiß.

7.3. Aufbau: Die Höhlenperlen bestehen aus einem Kern und streng konzentrisch angeordneten Ringen von heller und dunkler Farbe (ERDMANN 1902: 505, HESS 1930: 2, KELLER 1937: 263, MACKIN & COOMBS 1945: 59, 61, 62, KIRCHMAYER 1962: Taf. 11), vgl. Fig. 5.

7.3.1. Den Kern können unregelmäßig geformte Bruchstücke von Steinkohle (ERDMANN 1902), Stalaktiten (HESS 1930), Calcitaggregate (HESS 1930), Andesitbruchstücke (DAVIDSON & MCKINSTREY 1931), feinkörnige, oft mit organischer Materie durchsetzte Calcitaggregate (KELLER 1937), Granatbruchstücke (MACKIN & COOMBS 1945), Schieferbruchstücke (KIRCHMAYER 1962), vgl. auch Fig. 6, also meistens Gesteins- und Mineralbruchstücke, bilden.

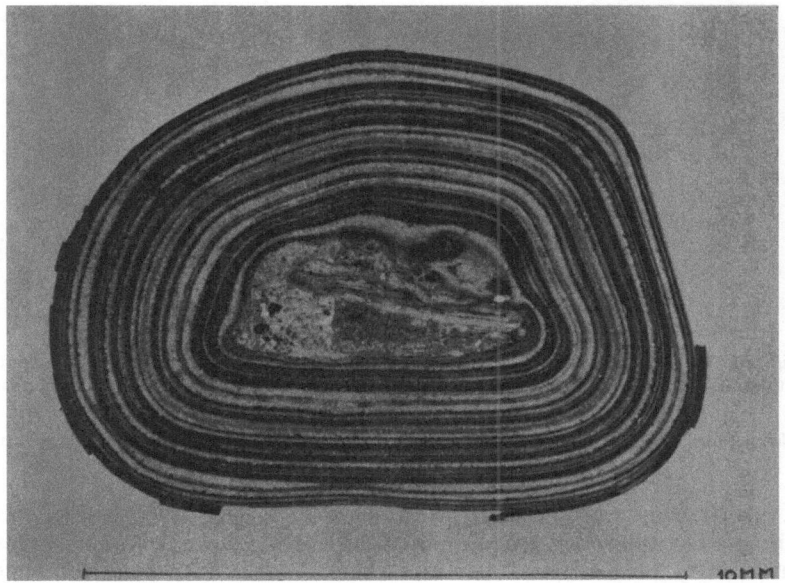

Fig. 5: Höhlenperle aus Guggenbach, Steiermark, Dünnschliff Nr. 1; größter Durchmesser 11,5 mm. Kern: kalkreiches Schieferstück. Ringe: alternierende helle und dunkle Calcitringe; untersucht in KIRCHMAYER 1962.

(Cave Pearl of Guggenbach, Styria, thin section no. 1; largest diameter 11.5 mm.)

7.3.2. Bei den Ringen wechseln helle und dunkle miteinander ab (KIRCHMAYER 1962: Beil.: 157), siehe Fig. 5, 6, 7. Die Dicke eines Ringes beträgt 0,0025—0,05 mm bzw. 0,0036—0,0865 mm. Die Ringdicken lassen sich in einer statistischen Kurve darstellen, die von der Vergrößerung der Ooid-Oberfläche und von der Zufuhr an Karbonat abhängig ist. Addiert man die Daten eines hellen und eines dunklen Ringes, so erhält man einen Doppelring, bei dem die hellen Ringe das dominierende statistische Merkmal darstellen.

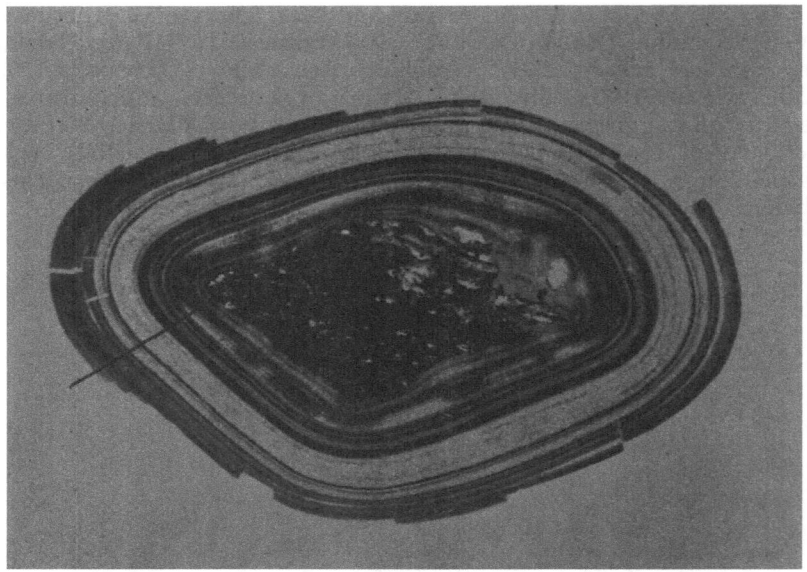

Fig. 6: Höhlenperle aus Guggenbach, Steiermark, Dünnschliff Nr. 2; größter Durchmesser 12,0 mm. Kern: kalkreiches Schieferstück. Ringe: alternierende helle und dunkle Calcitringe; dunkle Linie: Meßlinie.

(Cave Pearl of Guggenbach, Styria, thin section no. 2; largest diameter 12.0 mm; black line: Surveyor's line.)

KIRCHMAYER (1962) teilt das Ergebnis der chemischen und röntgenographischen Untersuchung der Höhlenperlen aus Guggenbach mit: Sie bestehen nur aus reinem Calcit; Aragonit ist nicht nachweisbar. Die hellen und dunklen Ringe unterscheiden sich daher wohl — außer durch eventuell eingebaute Unreinigkeiten — vor allem durch die Kristalltracht (vgl. u. a. DAVIDSON & MCKINSTREY 1931). MACKIN & COOMBS (1945) weisen sowohl Calcitringe als auch (durch MEIGEN-Reaktion) Aragonitlagen nach. ERDMANN (1902) findet nur Calcit, ebenso KELLER (1937).

Die hellen Ringe zeigen u. d. M. (nach HESS) bis 1—2 mm lange Kristalle, die dem benachbarten Ring senkrecht aufwachsen und manchmal in Büscheln beisammen stehen (Fig. 10). Die dunklen Calcitringe werden durch körnige Kristallaggregate gebildet und glätten die rauhe Ooid-Oberfläche, die durch die Kristallköpfe der hellen Calcitringe entsteht, gleichmäßig ab. Durch die bei Tropfenaufprall und Wasserzufluß entstehende gegenseitige Reibung der

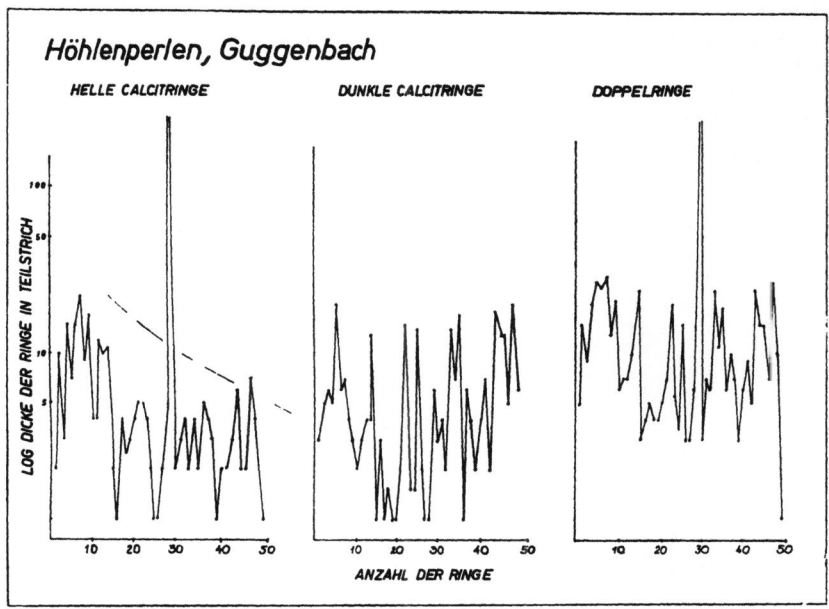

Fig. 7: Höhlenperlen, Guggenbach, Steiermark; Schliff 2, vgl. Fig. 6; helle, dunkle, Doppelringe (1 Doppelring = 1 heller + 1 dunkler Ring); Dickenmessungen in Teilstrich, 1 Teilstrich = 0,0036 mm.

(Thin section no. 2 of the Cave Pearl shown in fig. 6. Readings of light, dark and light + dark rings plotted separately on logarithmic paper. Thickness in points, 1 point = 0,0036 mm.)

Ooide werden die körnigen Kristallaggregate in die vorherige Ringoberfläche eingepreßt.

Die Anordnung der Lagen ist streng konzentrisch, jedoch erscheint die erste Lage oft nicht durchlaufend ausgebildet, sondern wolkig abgesetzt und verrundet den eckigen Kern weitgehend für die Aufnahme der konzentrischen Ringe. Eine entsprechend ebene Bauzone, die durch die Glättung der körnigen Kristallaggregate bedingt ist, scheint Voraussetzung für die streng konzentrische Anlagerung zu sein. Meistens sind die Ringe ungleich dick (vgl. KIRCHMAYER 1962: 257); ab und zu keilt ein Ring aus (hervorgerufen durch Erosion während der Bildung oder durch ungleichmäßige Anlagerung des Calcites). MACKIN & COOMBS (1945) konnten ein typisches Auskeilen der Ringe an den Ecken des Ooids feststellen, was zu einer besseren Rundung des Gefügekorns führte.

KELLER (1947) beschreibt elliptische Kornformen, die an der Auflagefläche der Körner am Boden feinkörnige und an der freien Oberfläche grobspätige Kristalle aufweisen.

7.3.3. Umkristallisation (Radialstruktur): Nach SCHADE (1909: 266) gehört die Radialstruktur den kristalloiden Beimengungen an und wird sowohl — experimentell nachgewiesen —

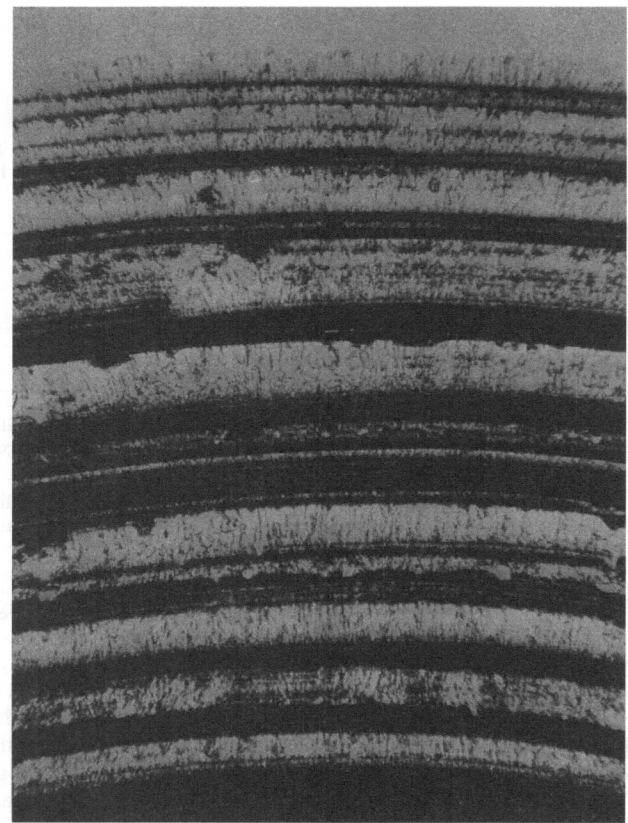

Fig. 8: Höhlenperle aus Guggenbach, Steiermark, Dünnschliff Nr. 3; Längsseite des Bildes 2,5 mm. Ringe: alternierende dunkle und helle Calcitringe. Beachte die beginnende Umkristallisation beiderseits von Ringgruppen.

(Cave Pearl of Guggenbach, Styria, thin section no. 3; longest side of the photo 2.5 mm. Note the recrystallization on both sides of some rings.)

bei den organischen als auch — abgeleitet — bei den anorganischen Bildungen als sekundäre Umformung betrachtet (vgl. unten; auch FLÜGEL & KIRCHMAYER 1962). An der Entstehung der Schichtung hat die Radialstruktur keinen Anteil; im Gegenteil, sie durchbricht und verwischt, besonders bei Gallensteinen und alten Harnsteinen, sogar die konzentrischen Ringe (SCHADE 1909: 266). MONAGHAN & LYTLE (1956: 113) vermerken, daß die konzentrische Struktur bei der Ausfällung von amorphem Gel verschwindet. In Schliff 2 (Fig. 6) sowie 3 und 4 (Fig. 8 und 9) des Guggenbacher Vorkommens

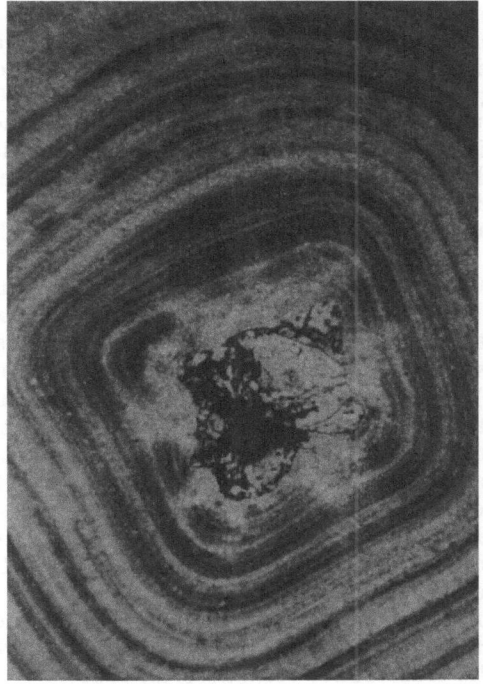

Fig. 9: Höhlenperle aus Guggenbach, Steiermark, Dünnschliff Nr. 4; Längsseite des Bildes 7 mm. Kern: kalkreiches Schieferstück mit Limonitsubstanz. Ringe: alternierende helle und dunkle Calcitringe. Beachte die Umkristallisation (1) im Bereich der Ringe, (2) vom Kern radial nach außen fortschreitend, wobei die Lagenstruktur zerstört wird.

(Cave Pearl of Guggenbach, Styria, thin section no. 4; longest side of the photo 7.0 mm. Note the recrystallization starting from the nucleus destroying the rings.)

ist besonders u. d. M. der Beginn einer diagenetischen Umkristallisation zu erkennen, welche den Schalenbau der Hülle zerstört. Dabei entsteht eine konzentrische Radialstruktur, die im Endstadium vom Kern — durchgreifend — zur Ooid-Oberfläche führt und so die strukturellen Kennzeichen der Ooide verwischt (vgl. auch SCHADE 1909). Eine Mineralumwandlung kann jedoch dabei nicht angenommen werden. Zwei Anfangsstadien einer Umkristallisation sind zu verzeichnen:
a) beiderseitig eines konzentrischen Ringes (Fig. 8),
b) vom Kern radial nach außen gerichtet, von Ring zu Ring fortschreitend (Fig. 9).

Bei diesem Vorgang werden Unreinigkeiten an die Ooid-Oberfläche gedrängt. Diese Beobachtung (vgl. auch oben; SCHADE 1909) bestätigt die in FLÜGEL & KIRCHMAYER (1962) geäußerte, auf Untersuchungen von GÜMBEL 1873, REIS 1910 und KRECH 1911 gestützte Ansicht, wonach eine durchlaufende Radialstruktur bei Ooiden sekundärer Natur ist und keine terminologische Bedeutung besitzt. Von dieser durchgreifenden Radialstruktur wäre jene zu trennen, die auf einzelne Wachstumsstadien (= helle Ringe) beschränkt ist: RUSNAK (1960: 471) konnte bei der Untersuchung von rezenten Ooiden feststellen, daß eine solche primäre „Radialstruktur" (die besser senkrechte radiale Anlagerung auf der Bauzone genannt werden sollte) durch langsame Karbonatabscheidung und schwache Wasserbewegung entsteht. GASSER, BRAUNER & PREISINGER (1956) erklärten die durchgehende Radialstruktur der Harnsteine dadurch, daß radial orientierte Kristalle (1. Ring) durch das poröse Netzwerk tangential orientierter Kristallite (2. Ring) durchspießen. Inwiefern diese Ansicht auf den Aufbau der Höhlenperlen übertragen werden kann, ist ungeklärt. USDOWSKI (1962: 169) findet bei den in einfachster Form aufgebauten (marinen, fossilen) Ooiden eine primäre Radialstruktur. Weitere Hinweise siehe Tab. 5 und 6.

7.4. Oberfläche: Nach der Beschaffenheit der Oberfläche können die Höhlenperlen wie folgt eingeteilt werden (MACKIN & COOMBS 1945, HESS 1930, KIRCHMAYER 1961):
a) sehr gut polierte Oberfläche
b) matte Oberfläche, polierte Ecken
c) helle durchscheinende Oberfläche
d) rauhe Oberfläche,
es finden sich aber auch Übergänge.

Grad der Oberflächenpolitur: Durch die vom First herabfallenden Tropfen werden die Höhlenperlen bewegt. MACKIN & COOMBS (1945) fanden, daß diese Höhlenperlen nur undeutlich gerückt werden, wenn die Tropfen in Abständen von 5—15 Sekunden in die Pfanne fallen. Bei einem Intervall von einer Sekunde führten die Höhlenperlen jedoch eine Vierteldrehung in zwei Sekunden aus. Durch Reibung und gegenseitige Pufferwirkung der Höhlenperlen bildet sich eine Politur, die, wie Fig. 3 und 10 zeigen, durch die feinen Calcitkristalle, welche die Unebenheiten der rauhen Oberfläche der groben Kristallaggregate glätten, entsteht. KELLER (1937) bringt die polierte Oberfläche primär mit der Anlagerung der feinen Calcitkristalle in Verbindung.

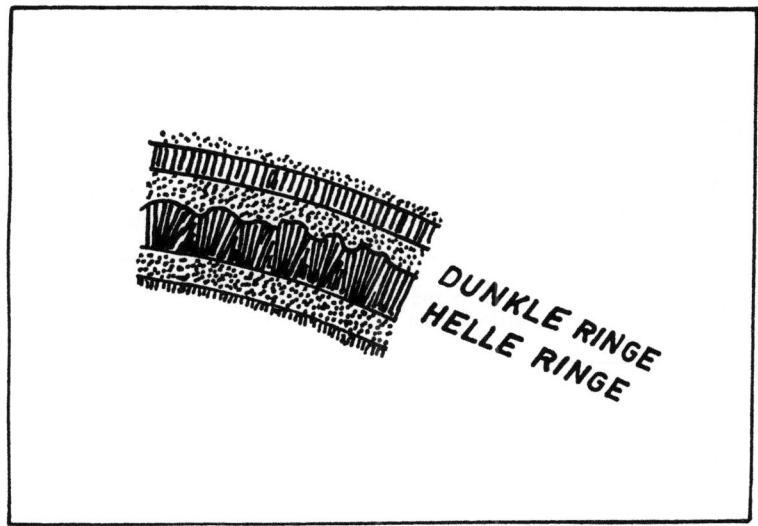

Fig. 10: Höhlenperlen, Guggenbach, Steiermark; Detailbild von Schliff 4, helle und dunkle Ringe; ohne Maßstab.

(Sketch of succession of light and dark rings. Note the rough top-surfaces of the light (coarse grained) and the dark (fine grained) ring. The coarse grained ring is smoothed by the fine grained ring.)

Es wird meistens angenommen, daß eine Abrollung der Höhlenperlen für das Wachstum unbedingt notwendig ist. DAVIDSON & MCKINSTREY (1931) traten dieser Ansicht durch ein Experiment entgegen: in eineinhalb Jahren legte sich um ein ruhendes Gesteinsfragment eine 1—2 mm dicke Lage aus $CaCO_3$ fast gleichmäßig an, wobei der Kern des Ooids gehoben wurde. Gestützt auf dieses Experiment sprachen sich die Autoren dafür aus, daß eine Abrollung für das Wachstum nicht notwendig sei. Sie nehmen nur für die kleineren Höhlenperlen eine Bewegung während des Wachstums an, für die größeren jedoch nicht. KELLER (1937) hingegen erklärt, daß die elliptischen Kornformen bei relativer Ruhe gewachsen seien; bei den kugeligen Formen nimmt er eine Rollung an.

7.5. Kornform: Höhlenperlen haben meistens eine sphärische Form, sind also sphärische Rhythmite. Manchmal verläuft die Form unabhängig vom Kern, im allgemeinen jedoch ist sie von der Gestalt des Kernes abhängig (DAVIDSON & MCKINSTREY 1931; ERDMANN 1902; HESS 1930 u. a.). Die Werte der Sphärizität zeigen bei einer Korngröße von 2—4 mm Ø einen Mittelwert von 0,82, bei Ø 4—7 mm denselben Wert; dagegen sinkt der Wert bei Ø 7—10 mm auf 0,67 ab. Somit ist das Wachstum der Höhlenperlen von Guggenbach durch ein Absinken der Sphärizität gekennzeichnet (Tab. 2).

Tab. 2: Einige Mittelwerte der Kornform und Verrundung von Höhlenperlen aus Guggenbach, Steiermark/Österreich

Ø in mm	Sphärizität (Mittelwert)	Verrundung (Mittelwert)	
		ZINGG in: PETTIJOHN (1957), HOLMES (1960)	KRUMBEIN & SLOSS (1955)
1—< 2		0,65	
2—< 4	0,82	0,72	0,65
4—< 7	0,82	0,66	0,53
7—< 10	0,67	0,71	0,69

7.6. Rundung: Makroskopisch erkennt man, daß bei kleineren Korngrößen windkanterähnliche Formen und bei größeren Höhlenperlen ovale Formen vorherrschen.

Die Verrundung nach der Klassifikation von ZINGG (in: PETTIJOHN 1957) und HOLMES (1960) ist durch folgende Werte gegeben (Tab. 2): Bei einer Korngröße Ø 1—2 mm beträgt der Mittelwert 0,65, bei Ø 2—4 mm steigt er auf 0,72 an, und fällt bei Ø 4—7 mm auf 0,66, um bei Ø 7—10 mm wieder auf 0,71 anzusteigen. Nach KRUMBEIN & SLOSS (1955) beträgt die Verrundung bei einem Ø von 2—4 mm 0,65, bei einem Ø von 4—7 mm 0,53 und bei einem Ø von 7—10 mm 0,69. Beide Zahlenreihen zeigen dieselbe Tendenz. Einzelwerte: Die Höhlenperle in

Fig. 5 hat den Wert 0,85, jene in Fig. 6 die Rundung 0,9. Die kleineren Höhlenperlen weisen eine steigende Rundung auf, die aber nicht in die steigende Verrundungstendenz der größeren Höhlenperlen überleitet. Es zeigt sich hier in der Verrundung erneut der bei den klastischen Sedimenten — dort allerdings innerhalb der Korngröße — so oft auftretende Schnitt, welcher an die von PASSEGA (1957) festgestellten Zusammenhänge erinnert: Die Sortierung des Sedimentes ist eine Funktion zweier voneinander unabhängiger Größen. Vgl. auch DAVIDSON & MCKINSTREY (1931) oder KELLER (1937): Bewegung der kleineren Höhlenperlen und Ruhelage der größeren bzw. der elliptischen und kugeligen Formen.

HESS (1930) bildet ausgesprochen gut gerundete Höhlenperlen ab, bei denen der Wert der Sphärizität und der Verrundung 1,0 beträgt. Einige Höhlenperlen sind jedoch, wie HESS beschreibt, oval, andere wieder haben unregelmäßige Formen. Höhlenperlen, die ausgesprochen eckige Formen aufweisen, würden nach der Nomenklatur von HOLMES (1960) als rhombohedroid, jene die TOLLMANN (in: KIRCHMAYER 1962) aus der Slowakei mitbrachte, als „wedge-formed" bezeichnet werden. In der Atmosphäre zugeschliffene Gerölle, die diese kantigen Formen aufweisen, nennt man „Windkanter". Da die Höhlenperlen aber mit den eigentlichen Windkantern, also mit den in der Atmosphäre durch Wind- und Sandstürme abgeschliffenen Gesteinen nichts gemeinsam haben, ist es wohl nötig, die genetisch verschiedenen, strukturell aber gleichen Kornformen genetisch zu trennen. Wie DAKE (1921: in TWENHOFEL 1932: 75) und KUENEN (1947) angeben, tritt der Windkanter-Effekt auch im Wasser auf. KUENEN nennt die Produkte „Aqua-facts". Da beide Kornformen durch Abrasion entstehen, müßte man die herkömmlichen Windkanter (a) als „Abrasions-Windkanter" und die DAKEschen Formen (b) als „Abrasions-Wasserkanter" bezeichnen. Die durch vorwiegend externe Anlagerung entstehenden windkantcrähnlichen Höhlenperlen wären (c) „Wachstumskanter" zu nennen. Über die Ursache der Kantenbildung bei den Höhlenperlen wird noch diskutiert.

Aus der Beschreibung ist zu ersehen, daß 1. die Ecken der Oberfläche oft nicht mit den Ecken der Kerne übereinstimmen (KIRCHMAYER 1962), daß sich 2. die Ecken der Oberfläche mit den Ecken der Kerne decken (HESS 1930) oder daß 3. die Ecken der Kerne wohl in den Ringbereich hinausreichen, sich aber nach und nach glätten (MACKIN & COOMBS 1945).

Bei einer angenommenen Kugelpackung der Höhlenperlen in der Pfanne könnten die Bereiche der Ecken als jetzt durch externe

Calcitanlagerung ausgefüllte, ehemals jedoch freie Wachstumsräume gelten.

Damit leiten sich folgende strukturgebundene Wachstumshypothesen ab: a) Durch die in der Pfanne auftreffenden Wassertropfen entsteht eine geringe Abhebung der Höhlenperlen vom Boden der Schüssel bzw. von dem gegenseitigen Berührungsbereich, bei einer gleichzeitigen kräftigen Durchspülung der gefüllten Pfanne. Die ausfallenden Kristalloide und Kolloide (vgl. oben, SCHADE 1909) lagern sich bevorzugt an den freien Ooid-Oberflächenzonen an. Dadurch entstehen Wachstumskanter, die niedrige Rundung, aber hohe Sphärizität aufweisen. b) Eine vollständige kontinuierliche Abrollung der Höhlenperlen erlaubt bei kräftiger Durchspülung der Pfanne eine gleichmäßige Anlagerung mit Karbonat, wobei sich Höhlenperlen mit hoher Rundung aber niedriger Sphärizität bilden. c) Wachstum bei stagnierendem Wasser tritt wohl in den wenigsten Fällen auf; es entstehen konzentrische Ringe, die aber an der Unterseite des Ooids eine Dickenverminderung zeigen.

Aus der jetzigen Kenntnis von Bildung und Aufbau der Höhlenperlen beginnen sich — im Zusammenhang mit den bekannten Daten von Harnsteinen, Laboratoriumsversuchen und fossilen Ooiden — Richtlinien abzuzeichnen, die a) eine Ausweitung der Erkenntnisse auf den erweiterten kontinentalen und marinen Bildungsraum erlauben und einen Beitrag zur Genese der Ooide darstellen, b) durch Untersuchungen an der Ooid-Oberfläche dürfte es ferner möglich sein, Beziehungen zu Flußgeröllen und Pseudooiden aufzustellen.

8. Klimastatistische Hinweise

Wie KIRCHMAYER (1962) und auch MACKIN & COOMBS (1945) bemerkten, spiegelt sich in der Ringdicke die Klimastatistik wider.

Ein Vergleich der Ringdickenmessungen von Schliff 1 (in: KIRCHMAYER 1962: 257ff.) mit Schliff 2, Fig. 6 und 7, zeigt trotz der Unterschiedlichkeit der makroskopischen Schliffbilder, daß sich die jeweils letzten 25 Ringe von den übrigen Ringabfolgen trennen lassen. Wie in Schliff 2 (Fig. 6 und 7) ersichtlich, schließt der u. d. M. unauflösbare dicke Ring viel Ringsubstanz ein, so daß die Hülle im Vergleich zu anderen Schliffbildern eine geringe Ringanzahl aufweist. Die Dicke eines einzelnen Ringes aber hält sich in den angegebenen Grenzen von 0,0025—0,0865 mm. Angaben über einschneidende klimastatistische Änderungen vor ca. 25 Jahren sind aus KIRCHMAYER (1961: 269) zu entnehmen. Im Ringwachstum scheinen sich bei Korrelation der Ringabfolgen einschneidende Klimaschwankungen im Gesamtablauf der Ringabfolge auszudrücken. „Intern" dominierende Spitzen, die durch das Zusammenwirken von externer Anlagerung und LIESEGANG-Ring-Ausfällung entstehen, könnten durch Korrelation der Ringdicken mit den Klimaschwankungen in verschiedenen Jahren (heiße und feuchte Sommer) erklärt werden (KIRCHMAYER 1962: 267).

9. Höhlenperlen aus großer Teufe

Die untersuchten Höhlenperlen aus Guggenbach, Steiermark, aus einem in geringer Teufe aufgefahrenen Bergwerkstollen sind Ooide des kontinentalen Bildungsraumes, bei welchen das Wachstum unter dem klimastatistischen Einfluß der Niederschlagsschwankungen der Erdoberfläche steht. Um nun Vergleichsmöglichkeiten mit Ooidbildungen aus großer Teufe zu erhalten, wurden 1963 im Kaiser-Wilhelm-Schacht, Clausthal-Zellerfeld/Harz in 256,23 m Teufe Höhlenperlen (Cave Pearls) aufgesammelt und untersucht[2].

Der Kaiser-Wilhelm-Schacht der Preußischen Bergwerks- und Hütten-A. G., Zweigniederlassung Clausthal, ist neben der Grube Hilfe Gottes bei Bad Grund die letzte noch offene Schachtanlage im ehemaligen Bergwerksbezirk Clausthal-Zellerfeld. Nach Einstellung des Abbaues im Jahre 1930 blieben die Anlagen zur Stromerzeugung bestehen, die die Oberflächenwässer über ein 400-m-Gefälle durch den Berg führen und die elektrische Energie auch heute noch erzeugen (vgl. MOHR 1963: 49; DENNERT 1954: 53). Da die Höhlenperlen im Zufahrtstollen zur Turbinenanlage aufgesammelt wurden, kann das ehest mögliche Alter der Ooide abgeleitet werden; vermutlich sind sie ca. 30 Jahre alt, im äußersten Falle jedoch bis höchstens 100 Jahre.

Im Tiefen Georgstollen, 255,3 m NN (256,23 m Teufe) wurden 250 m vom Schacht in Richtung Ottilien- bzw. Marienschacht entfernt, an einigen Tropfstellen Höhlenperlen gebildet. Die Fundstelle liegt in einem vor Jahrhunderten aufgefahrenen nicht verzimmerten Stollen. Die Ulme zeigten geschichteten 170/85 (Alt)-Grad einfallenden Grauwackenschiefer. Die Stollenwände sind mit Sinterbildungen bedeckt. Vom First (ca. 180 cm Höhe) tropft aus einer Tropfhöhe von 150 cm in einem Intervall von 2 Minuten

---

[2] Herrn A. MÜLLER vom Geophysikalischen Institut der Bergakademie Clausthal danke ich herzlich für die Hilfeleistung beim Aufsuchen der Vorkommen im Kaiser-Wilhelm-Schacht.

Wasser und höhlte im Boden eine ca. 2—3 cm Ø große Pfanne aus, die mit Kalksinter ausgelegt, verkrustet und verfestigt wurde. Das Wasser, aus einem $^1/_2$ cm Ø hohlen Stalaktiten tropfend, hatte eine Temperatur von 11,3°C. Die Lufttemperatur betrug 12,3—12,1°C. Das Alter der Höhlenperlen beträgt höchstens 100 Jahre.

Fig. 11: Höhlenperle, Kaiser-Wilhelm-Schacht, Tiefer Georgstollen, 255,3 m NN, Clausthal. Schliff 1, normales Licht. Längste Bildseite 2,5 mm.

(Cave Pearl, Kaiser Wilhelm Shaft, Tiefer Georgstollen, 255.3 m NN, Clausthal. Thinsection no. 1. Longest side of the photo 2.5 mm.)

Im einzelnen lassen sich folgende charakteristische Strukturmerkmale erkennen:

Im Schliff 1, dargestellt in Fig. 11, ist die Schichtung unverkennbar, jedoch fehlen die strengen, deutlichen alternierenden Ringbildungen wie in Fig. 5 oder 8. Um ein Grauwackenstück als Kern liegt zuerst eine Zone grobspätigen Calcites, gefolgt von einer vorwiegend geschichteten Abfolge. Rekristallisationserscheinungen zerstören die Schichtung, und senkrecht dieser aufsitzende Schwundrisse geben dem Ooid eine radiale Prägung. Die hellen Kristallite zeigen wieder eine rauhe, die dunklen eine glättende und glatte Oberfläche. Der sichtbare Riß dürfte bei der Präparation des Ooids entstanden sein. Die Zonendicken-Diskussion ergibt die Auffassung einer vorwiegend externen Anlagerung. (Fig. 12.)

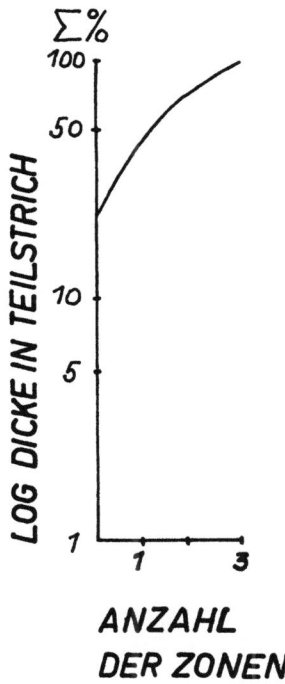

Fig. 12: Höhlenperle, Kaiser-Wilhelm-Schacht, Tiefer Georgstollen, 255,3 m NN. Clausthal. Schliff Nr. 1. Anzahl der Zonen gegen Log Dicke.

(Cave Pearl, Kaiser Wilhelm Shaft, Tiefer Georgstollen, 255.3 m NN, Clausthal. Thinsection no. 1. Number of zones versus log thickness.)

332 Martin Kirchmayer,

Im Schliff 2 der Fig. 13 tritt die Schichtung zugunsten wirr gelagerter Kristallite zurück. Der Kern, ein pflasterstruierter Quarzit, wird onkoidartig umhüllt; über dem onkoiden Kern hüllt sich eine grobspätige Calcitzone, gefolgt von einer Zone mit wirr gelagerten Kristalliten, und abgeschlossen mit undeutlich geschichteten Calcitanlagerungen. Strukturell gesehen fällt das Fehlen der alternierenden Jahresringe auf. Die entlang von Klüftchen

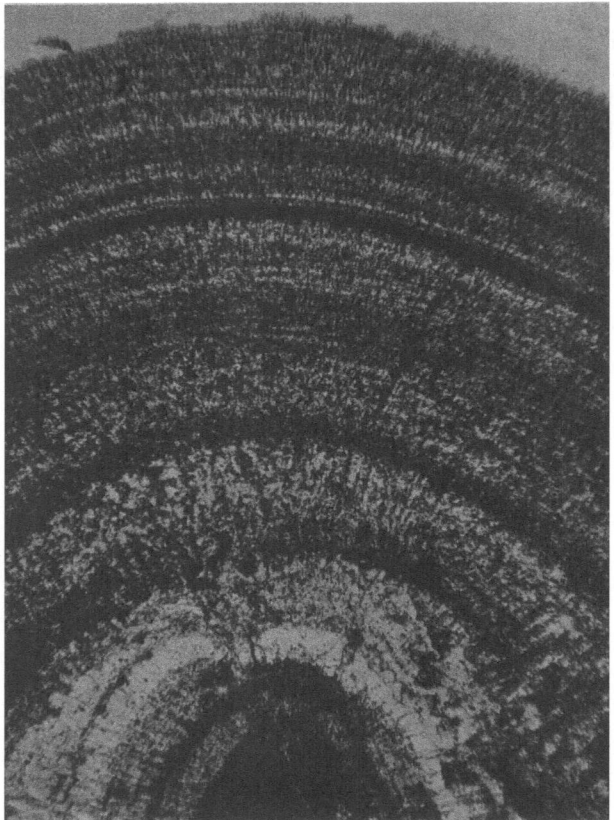

Fig. 13: Höhlenperle, Kaiser-Wilhelm-Schacht, Tiefer Georgstollen, 255,3 m NN, Clausthal. Schliff 2. Normales Licht. Längste Bildseite 2,5 mm.

(Cave Pearl, Kaiser Wilhelm Shaft, Tiefer Georgstollen, 255.3 m NN, Clausthal. Thinsection no. 2. Longest side of the photo 2.5 mm.)

entstehende Rekristallisation schiebt Verunreinigungen vor sich her und radial nach außen. Schwundrisse treten auf. Das Auftreten dieser scheint teilweise eine Funktion der Korngröße und der Verunreinigungsmenge zu sein. Die Kurvendiskussion ergibt einen Hinweis auf eine beginnende LIESEGANG-Ausfällung (vgl. KIRCHMAYER 1962, LEVESON 1959, 1963: 1037), gefolgt von einer externen Anlagerung. (Fig. 14.)

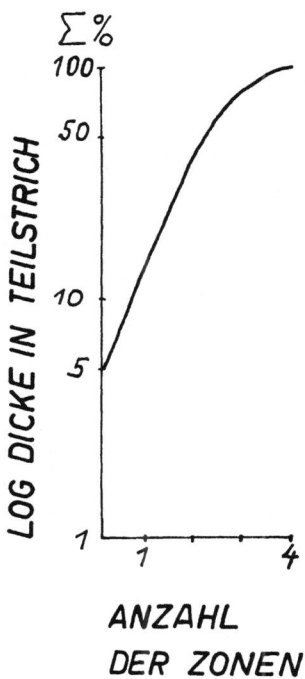

Fig. 14: Höhlenperle, Kaiser-Wilhelm-Schacht, Tiefer Georgstollen, 255,3 m NN, Clausthal. Schliff Nr. 2. Anzahl der Zonen gegen Log Dicke.

(Cave Pearl, Kaiser Wilhelm Shaft, Tiefer Georgstollen, 255.3 m NN, Clausthal. Number of zones versus log thickness.)

Die Vielfalt von Ooid-Bildungen in großer Teufe, also außerhalb des klimastatistischen Einflusses zeigt Schliff Nr. 3 in Fig. 15. Betont treten die die Ecken des (leider bei der Präparation herausgefallenen) Kernes abrundenden zwar nicht ganz exakt alternierenden hellen und dunklen Ringe auf, die auf den vielleicht über Spalten hinweg teilweise zugänglichen Oberflächeneinfluß hinweisen. Die

Ringdicke wird auch hier in Abhängigkeit von der sich ver-
vergrößernden Ooid-Oberfläche dünner (vgl. Fig. 16); auch in der
Ringabfolge und Dicke finden sich Anklänge an Ooide aus geringer
Teufe (vgl. Fig. 7).

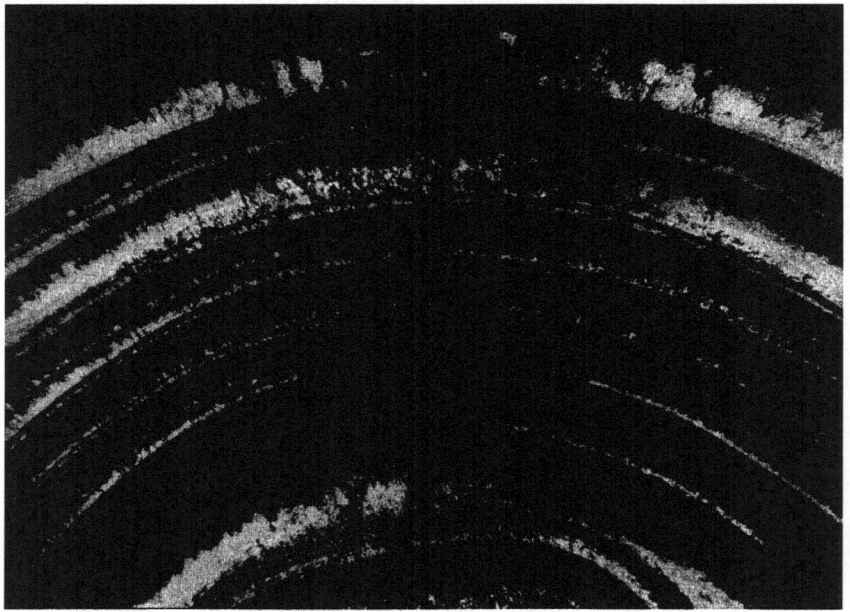

Fig. 15: Höhlenperle, Kaiser-Wilhelm-Schacht, Tiefer Georgstollen, 255,3 m NN,
Clausthal. Schliff 3, normales Licht, längste Bildseite 2,5 mm.

(Cave Pearl, Kaiser Wilhelm Shaft, Tiefer Georgstollen, 255.3 m NN, Clausthal.
Thinsection no. 3, longest side of the photo 2.5 mm.)

In der Mitte der Fig. 15 sieht man eine durch Risse vor-
gezeichnete Zone verstärkter Rekristallisation. Die hellen Kristallite
zeigen wieder eine rauhe, die verunreinigungsreichen eine ausgleichend glatte Oberfläche (vgl. Fig. 10). Fig. 16 bringt die Darstellung der Ringdicke und die Kurvendiskussion, welche auf eine
externe Anlagerung hinweist.

Der Schliff 4 in Fig. 17 zeigt wieder, abgelagert über einem
Kern aus arkosischer Grauwacke, welche durch eine Calcitader
durchschnitten wird, die diffus ausgeprägte Schichtung. Dieses
Erscheinungsbild dürfte vorherrschend und charakteristisch für die

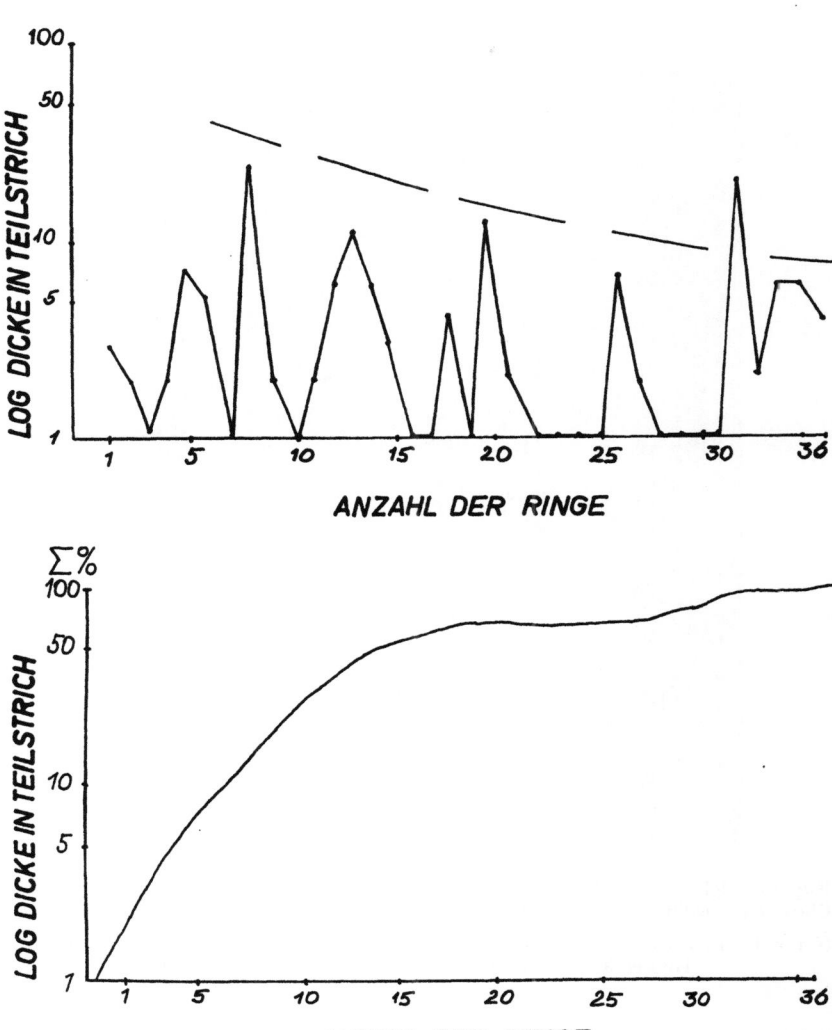

Fig. 16: Höhlenperle, Kaiser-Wilhelm-Schacht, Tiefer Georgstollen, 255,3 m NN, Clausthal. Schliff Nr. 3. Oben: Anzahl der Ringe gegen Log Dicke. Unten: Anzahl der Ringe gegen Log Dicke als Summenkurve.

(Cave Pearl, Kaiser Wilhelm Shaft, Tiefer Georgstollen, 255.3 m NN, Clausthal. Thinsection no. 3. Above: Number of rings versus log thickness. Below: Number of rings versus log thickness shown as cummulative curve.)

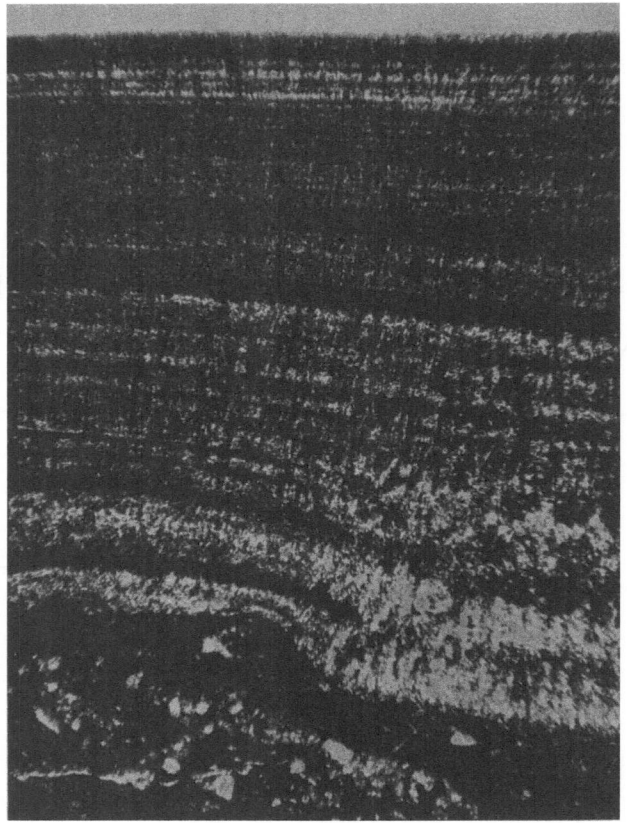

Fig. 17: Höhlenperle, Kaiser-Wilhelm-Schacht, Tiefer Georgstollen 255,3 m NN, Clausthal. Schliff 4, normales durchfallendes Licht. Längsseite des Bildes 2,3 mm.

(Cave Pearl, Kaiser Wilhelm Shaft, Tiefer Georgstollen, 255.3 m NN, Clausthal. Thinsection no. 4, longest side of the photo 2.3 mm.)

Fig. 18: Höhlenperle, Kaiser-Wilhelm-Schacht, Tiefer Georgstollen, 255,3 m NN, Clausthal. Dünnschliff Nr. 4. Oben: Anzahl der Zonen gegen Log Dicke. Unten: Anzahl der Zonen gegen Log Dicke, Summenkurve.

(Cave Pearl, Kaiser Wilhelm Shaft, Tiefer Georgstollen, 255.3 m NN, Clausthal. Thinsection no. 4. Above: Number of zones versus thickness. Below: Number of zones versus thickness shown as cumulative curve.)

Höhlenperlen (Cave Pearls) aus Bergwerken

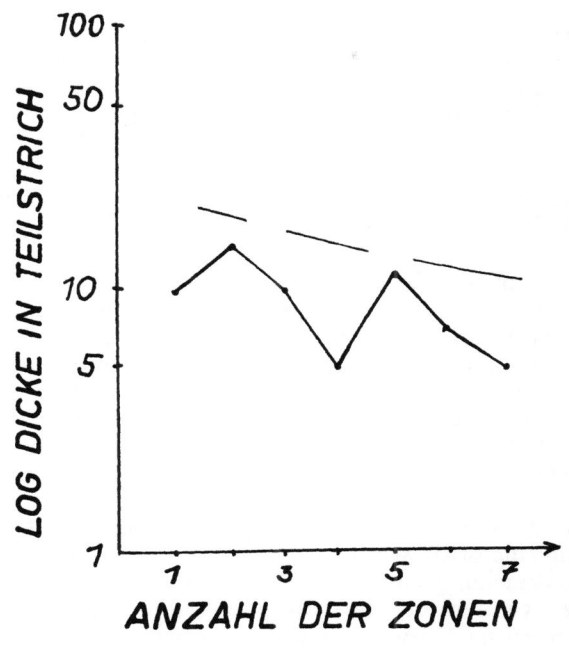

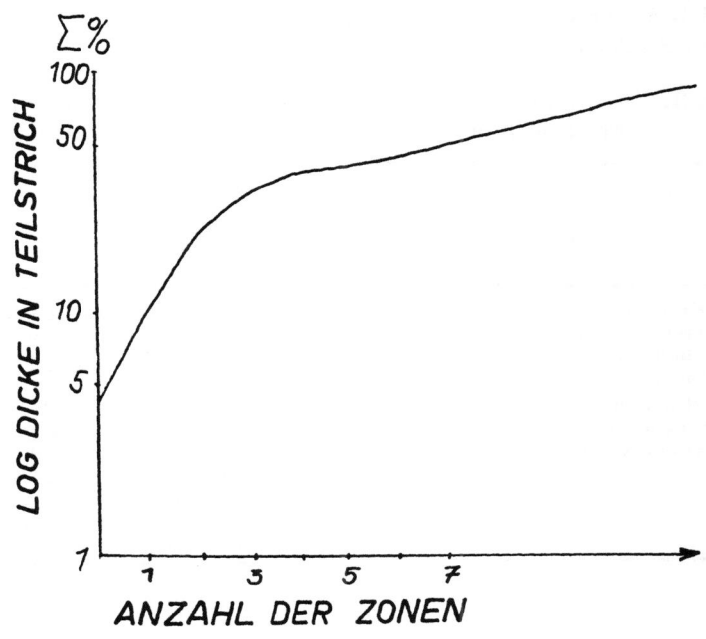

größere Teufe sein. Man erkennt die die Ecken des Kernes ausgleichende externe Anlagerung und die z. T. die Schichtung vollkommen zerstörende Rekristallisation entlang von Schwundrissen und Klüftchen. Die in den dunklen Ringen vorhandene Verunreinigung wird bei der Rekristallisation radial nach außen vor sich hergeschoben und gibt die radiale Richtung der Sammelkristallisation an. Die Ausbildung der „radialen Struktur" bei den Ooiden dürfte darum auch sekundär sein. Fig. 18 bringt neuerlich die die externe Anlagerung beweisende Kurvendarstellung.

Zusammenfassende Ergebnisse über Beobachtungen an Ooiden aus größerer Teufe sind folgende: Um den Kern lagern sich, die Ecken ausgleichend, meist grobspätige Zonen an, welche von wohl geschichteten, aber diffus verteilten Kristallit-Ringen umgeben werden. Oft treten keine alternierenden Ringabfolgen, sondern nur Zonen auf. Schwundrisse und Klüftchen (Fugen) sind oft die Bahnen, entlang derer sich radial vom Kern nach der Oberfläche eine Rekristallisation entwickelt. Aus einer Kurvendarstellung kann die Genese, ob externe Anlagerung oder Überlagerung von LIESEGANG-Ausfällung vorliegt, abgelesen werden. Da die Ooide altersmäßig eingestuft werden können, kann der Ringabfolge keine eindeutige Beziehung zur Klimastatistik zugestanden werden. Wohl aber ist zu vermerken, daß die aufgezeigten Veränderungen bei heutigen, rezenten Umweltsbedingungen entstanden (Tab. 3). Dies erleichtert die Deutung von geologisch-fossilen Ooiden in bezug auf deren Strukturen (vgl. CAROZZI 1961: 281).

Tab. 3: Die vergleichende Gegenüberstellung von Höhlenperlen (Cave Pearls) aus geringer und aus größerer Teufe

Höhlenperlen (Cave Pearls) aus	
geringer Teufe	größerer Teufe
Als Kern kann jedes Gesteinsstück fungieren. Es wird onkoidartig umhüllt und für die Ringbildung vorbereitet.	Als Kern kann jedes Gesteinsstück fungieren. Es wird onkoidartig umhüllt und für die Ringbildung vorbereitet.
Die Ringbildung der Schale steht unter dem kontrollierenden Einfluß der Klimastatistik.	Die Ringbildung der Schale läßt eine Verbindung zur Klimastatistik nicht erkennen; die Ringe sind diffuser gegeneinander abgegrenzt. Sie vereinigen sich meist zu Zonen sparitischer und mikritischer Ausbildung (vgl. FLÜGEL 1963).

Höhlenperlen (Cave Pearls) aus Teufe	
geringer	größerer
Die hellen Kristallite sind verunreinigungsarm, senkrecht der Oberfläche aufgewachsen und haben eine rauhe Gesamtoberfläche.	Die hellen Kristallite sind verunreinigungsarm, senkrecht der Oberfläche aufgewachsen und haben eine rauhe Gesamtoberfläche.
Die dunkel erscheinenden Kristallite sind verunreinigungsreich und wirr gelagert. Sie schmiegen sich der rauhen Oberfläche an und glätten sie.	Die dunkel erscheinenden Kristallite sind verunreinigungsreich und wirr gelagert. Sie schmiegen sich der rauhen Oberfläche an und glätten sie.
Die Oberfläche hat einen deutlichen Glanz.	Die Oberfläche hat einen matten Glanz.
Innerhalb der Ringe entsteht eine die Schichtung zerstörende Rekristallisation in Richtung vom Kern nach außen, also radial. Sie reicht entweder lokal innerhalb der Schichtgruppen oder erfaßt vom Kern ausgehend einen größeren Schalenanteil.	Innerhalb der Ringe entsteht eine die Schichtung zerstörende Rekristallisation radialer Richtung, die die Verunreinigung vor sich herschiebt. Die Richtung ist vom Kern nach außen. Sie benützt die Bahnen der Schwundrisse und Fugen und erfaßt meist eine größere Schalenabfolge.
Schwundrisse und Fugen sind nicht zu erkennen.	Man kann „bankrechte" Schwundrisse, vermutlich diagenetischer Entstehung und „bankrechte" und „bankschräge" Fugen noch unbekannter Entstehung erkennen. Die Schwundrisse überwiegen. (Vgl. ADLER, KIRCHMAYER & PILGER 1964:126.)
Genetisch entstehen die Höhlenperlen durch externe Anlagerung, welche in seltenen Fällen in Ringdimensionen durch LIESEGANG-Ausfällung überformt sein kann. Eine Entscheidung ist nur durch Kurvendiskussion möglich.	Genetisch entstehen die Höhlenperlen durch externe Anlagerung, welche in seltenen Fällen in Zonenbereichen durch LIESEGANG-Ausfällung überformt sein kann. Eine Entscheidung ist nur durch Kurvendiskussion möglich.

Aus vergleichenden Untersuchungen von Höhlenperlen aus geringer und aus größerer Teufe lassen sich deutlich unterscheidende Merkmale herauslesen, jedoch sind sie nur in der Gesamtheit zu sehen. „Leitmerkmale" können noch nicht angegeben werden.

Stellt man die verglichenen Merkmale denjenigen der geologischen Ooide gegenüber (vgl. Tab. 6), so wird die enge Verbindung der rezenten und geologischen Ooiden deutlich, was die strukturelle und auch genetische Deutung letzterer unterstützen kann und womit die in Bergwerken entstandenen Höhlenperlen

(Cave Pearls) als Ooide des kontinentalen Bildungsraumes, entstanden in einem überblickbaren Laboratorium mit natürlichen Bedingungen angesprochen werden können.

10. Sedimentologische Hinweise

Bei Flußgerölluntersuchungen wird bedingt durch die Transportsortierung der Gerölle entlang der Weg-Zeit-Komponente a) der Wert der Sphärizität steigen, b) der Sortierungskoeffizient (nach TRASK) und c) der Wert des Korndurchmessers jedoch fallen. Bei der beim Gerölltransport auftretenden Abrasion steigt a) der Wert der Sphärizität und b) die Rundung, während c) der Korndurchmesser fällt.

Bei den Höhlenperlen steigen mittlerer Korndurchmesser und auch Verrundung, die Sphärizität fällt jedoch.

Analog zu den Verhältnissen bei den Höhlenperlen ergibt sich derart ein Unterscheidungsmerkmal a) für Ooide, die durch ein vorwiegend externes Wachstum entstanden sind, deren charakteristische Merkmale man aber nicht mehr erkennt (z. B. infolge Metamorphose) und b) für durch Abrollung gebildete ooidähnliche Gefügekörner (z. B. Pseudooide, abgerollte Ooide der oolithischen Kalksandsteine): wenn man das statistische Mittel der verschiedenen Koeffizienten und die Tendenz der verschiedenen sedimentpetrographischen Kurven berücksichtigt.

11. Strukturelle und genetische Hinweise

11.1. Kontinentaler Bildungsraum der Höhle: Der Kern ist meist ein Rückstandssediment eines ausgewaschenen, vom Gesteinsverband losgebrochenen Gesteinsschuttes.

In den meisten Fällen wird tropfendes Wasser ursächlich mit der Bildung der Ringe in Beziehung gebracht. Die ausfallende Ringsubstanz (vgl. chemische Analyse in KIRCHMAYER 1962: 253) wird nach SCHADE (1909: 164) durch relativ große Oberflächenspannung an der Grenzfläche Fremdkörper/Wasser angelagert. Nach DAVIDSON & MCKINSTREY (1931) bilden sich die feinen Calcitkristalle bei raschem Wasserzufluß, die grobspätigen Kristalle dagegen bei stagnierendem Wasser; KELLER (1937) kommt zu einer ± umgekehrten Erklärung. Untersuchungen von RUSNAK (1960) an rezenten Ooiden zeigen, daß bei rascher Karbonatbildung feinkörnige und bei langsamer Karbonatbildung sowie schwacher Wasserbewegung grobspätige Kristalle entstehen.

SCHADE (1909: 163) überträgt durch Experimente gestützte Beobachtungen an Harnsteinen auf die Ooide des Karlsbader Sprudelsteins und des Lothringer

Rogensteins, die für die Ooide des kontinentalen Bildungsraumes interessant sind. Als Beitrag zur damals beginnenden wissenschaftlichen Kolloid-Chemie diskutiert er die Genese der Harnsteine auf kolloid-chemischer Basis und leitet die Entstehung der Konkremente aus einem kolloidhältigen Medium ab; das Zustandekommen der Schichtung sei lediglich eine Wirkung des Kolloids. Bei den anorganischen Bildungen bliebe diese der Kolloidfällung eigentümliche Schichtlagerung auch beim Zusammentreffen von in Bildung begriffenen Gelen mit gleichzeitig ausfallenden Kristalloiden wirksam. So sieht er die Entstehung der organischen und anorganischen „Ooide" in einer Wechselwirkung zwischen Kristalloiden und Kolloiden, wobei — wie Analysen des „Karlsbader Sprudelsteins" beweisen — das Kolloid bei der Ausfällung angereichert wird. GASSER, BRAUNER & PREISINGER (1956) hingegen stellten fest, daß die SCHADEsche Ansicht bereits weitgehend korrigiert ist und Kolloide nicht vorwiegend am Aufbau beteiligt sein können.

Bei Ring-Dickenmessungen (KIRCHMAYER 1962: 257, Fig. 7 der vorliegenden Arbeit und weitere nicht veröffentlichteDiagramme) fällt die für die statistische Darstellung auch in der Summenkurve (KIRCHMAYER 1962: 261, 262) wahrnehmbare Tatsache auf, daß mehrere Meßpunkte von Einzelmessungen sporadisch auf einer Linie liegen, daß also die Ringdicke in Einzelfällen gradiert zu- oder abnimmt. Messungen an LIESEGANG-Ringen ergeben denselben Effekt (vgl. LEVESON 1959 und Fußnote in FLÜGEL & KIRCHMAYER 1962: 117). MONAGHAN & LYTLE (1956: 113) erhielten bei experimentellen Untersuchungen vereinzelt Ausfällungen von Gelen, die das für den Niederschlag von LIESEGANG-Ringen (LIESEGANG 1913) erforderliche Kapillarsystem darstellen könnten.

11.2. Mariner Bildungsraum: Wie FLÜGEL & KIRCHMAYER (1962) vermerkten, wurden marine Oolithe seit dem Jahre 1667 beschrieben und seit 1908 genauer untersucht. Geschichtliches ist in FLÜGEL & KIRCHMAYER (1962) sowie USDOWSKI (1962: 142) angegeben. RUSNAK (1960) bringt eine Zusammenfassung der untersuchten Vorkommen rezenter Ooide und MONAGHAN & LYTLE (1956) die Ergebnisse experimenteller Versuche.

SCHADE (1909) leitete ausgehend von Karlsbader Sprudelsteinen und Lothringer Rogensteinen eine durchgehende, durch Experimente gestützte Untersuchungsreihe ein, die für die Ooide des marinen Bildungsraumes nützliche Vergleiche zuläßt. GASSER, BRAUNER & PREISINGER (1956: 150ff., Abb. 12, 13) finden, daß Harnsteine vorwiegend aus kristallinen Komponenten ($\approx 95\%$) und untergeordnet aus organischem Gerüst ($\approx 5\%$) aufgebaut sind. Sie erwähnen die unterschiedliche Struktur und Morphologie der Harnsteine, die nach der Terminologie von FLÜGEL & KIRCHMAYER (1962) als Ooide mit onkoidem Kern (= externe Anlagerung, untergeordnet eventuelle LIESEGANG-Ausfällung auf Onkoid) bezeichnet werden können. Die Radialstruktur ist wie bei den Ooiden entweder ein primärer oder sekundärer Effekt. Wachstum der Harnsteine, das durch eine Schwankung des p_H-Wertes zustandekommen kann, ist, so wie jenes der Höhlenperlen, rhythmisch (Tag- und Nachtrhythmus bei den Harnsteinen, jahreszeitlicher Rhythmus bei den Höhlenperlen).

MONAGHAN & LYTLE (1956: 113) teilen Versuchsergebnisse aus dem Laboratorium mit. Sie finden neben anderen bemerkenswerten Resultaten, daß Kalkooide durch chemische Ausfällung aus Meerwasser sedimentiert werden können, wobei die Konzentration des Karbonates in den Ooiden größer ist als im Meerwasser. Steigender Gehalt an $CaCO_3$ führt zu radialstruierten Ooiden, sinkender $CaCO_3$-Gehalt zuerst zu nadelartigen Kristallen; später tritt dann die Radialstruktur zurück, um schließlich bei einer Ausfällung von amorphem Gel ganz zu verschwinden. Ein Zusammenfluß stark Karbonat-Ionen-hältigen Süßwassers mit Meerwasser kann die Laboratoriumsbedingungen nachbilden, doch müssen diese Bedingungen nicht bei allen rezenten Ooidvorkommen vorhanden sein.

RUSNAK (1960: 480) fand, daß eine schnelle Ausfällung massige Anlagerung um den Kern hervorruft und eine langsamere Ausfällung eine radiale Orientation der Kristallite verursacht. Bei sehr geringer Ausfällung werden die radialen Elemente mechanisch tangential angeordnet. Er vergleicht die rezenten Vorkommen der Lagune Madre (Texas Golf) mit jenen vom Great Salt Lake (Utah) und den Bahama-Inseln.

Eine Gegenüberstellung in Tabellenform ergibt folgende Vergleiche:

Tab. 4: Morphologie rezenter Ooide (im wesentlichen nach RUSNAK 1960).

	Great Salt Lake (Utah) EARDLY 1939	Bahama-Inseln (Florida) ILLING 1954	Lagune Madre (Golf v. Texas) RUSNAK 1960
Kern ral	Gesteins- und Mineralsbruchstück, Pseudoooide (faecal pellets)	Karbonat-Gesteinsbruchstück	Gesteins- oder Mineralbruchstück
Schale	Konzentrischer Aufbau	Konzentrischer Aufbau	Konzentrischer Aufbau
Ringe	Radiale Anlagerung (senkrecht zur Bauzone) der Kristallite	Tangentiale Anlagerung der Kristallite	Meist unorientierte Kristallite
Baumaterial	Calcit und Aragonit, mit Tonmineralien	Aragonit	Meist Aragonit, ferner Tonminerale

Seit 1902 ERDMANN mit der Untersuchung von Höhlenperlen begonnen hat, hat man sich zum Ziel gesetzt, die Merkmale von marinen fossilen Oolithen und von Höhlenperlen genetisch zu erfassen. Wie sehr sich die Resultate der Untersuchungen an Höhlenperlen jenen an marinen Ooiden nähern, zeigt ein Vergleich mit USDOWSKI (1962). Er untersucht oolithische Kalksandsteine und Rogensteine des Unteren Buntsandsteines der deutschen Trias: die Ooide der Rogensteine sind an Ort und Stelle sedimentiert, die kalk-oolithischen Kalksteine umgelagert. Wiewohl in vorliegender Arbeit auch Unterschiede von umgelagerten zu gewachsenen (an Ort und Stelle sedimentierten) Ooiden behandelt wurden, sollen hier hauptsächlich die Gemeinsamkeiten der Ooide des Rogensteins und der rezenten Höhlenperlen aufgezeigt werden. USDOWSKI (1962: 152ff.) zeigt, daß, ebenso wie bei den Höhlenperlen, auch bei den Ooiden des Rogensteins eine monodisperse Korngrößenverteilung vorherrscht; der So beträgt nahe 1,16, der Sk ist $< 1,0$. Bei chemischen Analysen findet man äquivalente Werte. Im Gegensatz zu SCHADE (1909) und NEWELL, PURDY & IMBRIE (1960) scheint die Radialstruktur jedoch primär zu sein. Es tritt eine reiche Auswahl der KALKOWSKYSCHEN Ooidtypen auf. Das genetische Merkmal wäre bei USDOWSKI (1962) die Fasertextur und die Radialfaserung, zur Klassifikation wird jedoch auch die Morphologie der Körner herangezogen.

Tab. 5: Vergleich der Ooid-Klassifikation nach USDOWSKI (1962) und FLÜGEL & KIRCHMAYER (1962)

	USDOWSKI (1962) — nach KALKOWSKY 1908 — Einteilungsprinzip: Morphologie + Innenstruktur	FLÜGEL & KIRCHMAYER (1962) KIRCHMAYER 1962 Einteilungsprinzip: Innenstruktur
(1)	Ooid mit Radialstruktur	a) Ooid mit einer Wachstumsabfolge b) Ooid, diagenetisch, mit Sphärulit-Endstadium ($K_{\infty h}$)
(2)	Ooid mit Lagenstruktur	Ooid als terminologischer Typ
(3)	Walzenooid	Ooid mit z.T. anorganisch-onkoidem Kern
(4)	Ooidviellinge (multiple Ooide RUSNAK 1960: 471)	Ooid mit multiooidem Kern
(5)	Ooid mit Kegelstruktur	Ooid mit kegelförmigen Schwundrissen ($C_{\infty v}$) Ooid, mit Durchspießen der Kristallite durch den folgenden Ring (vgl. GASSER, BRAUNER & PREISINGER 1956)

Tab. 5 zeigt, daß sich die beiden Klassifikationen weitgehend nähern.

Die Beziehung der Höhlenperlen zu den fossilen Ooiden geht aus folgender Zusammenstellung hervor:

Tab. 6: Vergleich einiger Wesensmerkmale der Ooide des Unteren Buntsandsteins (nach USDOWSKI 1962) mit denen der Höhlenperlen (nach KIRCHMAYER 1962)

	Ooide des Unteren Buntsandsteines (Germanische Trias) (USDOWSKI 1962)	Höhlenperlen (KIRCHMAYER 1961, 1962) (aus geringer Teufe)
Kern	Calcit-Ton-Aggregat, Einschluß von gröberen Silikaten, Ooid-Bruchstücke, Ooide, Mineralpartikel	Gesteins- und Mineralbruchstücke, Calcitaggregate, oft mit organischer Materie durchsetzt
Schale	Radialstruktur, Lagenstruktur	Lagenstruktur: alternierende helle und dunkle Calcitringe; Radialstruktur meist sekundär
Baumaterial	faseriger Calcit, Einschlüsse von Tonmineralien und Silikaten	Calcit, wenig Tonsubstanz, faserige oder körnige Ausbildung
Art des Wachstums	periodisch a) rhythmische Änderung des $CaCO_3$-Gehaltes b) Abrollung am Meeresboden	klimastatistisch bedingter Rhythmus; Änderung der gelösten Stoffe und des p_H-Wertes im zugeführten Wasser; externe Anlagerung mit eventuellem teilweisen Niederschlag von LIESEGANG-Ringen

11.3. Atmosphärischer Bildungsraum:

HESS (1930: 3) verwies auf die strukturelle Übereinstimmung zwischen Höhlenperlen und Hagelkörnern. Da inzwischen eine Reihe von Untersuchungen an Hagelkörnern, gestützt durch praktische Experimente im Hagel-Tunnel vorliegen, seien zu Vergleichszwecken die wichtigsten Resultate angeführt (LIST 1960, 1961; SÄNGER 1956).

Die Bildung der Hagelkörner erfolgt im allgemeinen in einer Höhe von 5,5 km aufwärts, die Dauer beträgt 10—15 Minuten, wobei sie einen Durchmesser von 5—15 cm erreichen. Im Dünnschliff zeigen sie ein Zentrum, das Graupel genannt wird und konische Gestalt hat.

Die Graupel bildet sich durch Sublimation, während die darüber liegenden alternierenden klaren und opaken Lagen durch externe Anlagerung von Wassertropfen, die nachher gefrieren, wachsen. Die Wasserhaut wächst dabei gegen den Luftstrom, die Eiskeimfähigkeit beginnt an der Oberfläche. Diese ist teils glatt, teils rauh, wodurch die Fallgeschwindigkeit beeinflußt wird. Die ursprünglich konische Gestalt der Graupel rundet sich durch externe Anlagerung ab, nimmt die Form eines Rotationsellipsoides an, bis das Hagelkorn schließlich einem gestauchten dreiachsigen Ellipsoid gleicht.

Die Bildung ist von einer Reihe von Faktoren, wie Temperatur (z. B. ein 2 cm ⌀ großes Hagelkorn benötigt eine Temperatur von —27°C, ein 4 cm ⌀ großes bereits —38°C), Fallgeschwindigkeit, Ablauf elektrischer Effekte an der Oberfläche usw. abhängig. Die Ausbildung der Ringe rührt daher von einer Änderung der Anlagerungsbedingungen her, sie findet auch Ausdruck in einem neuen Symmetrie-Zentrum.

Der mit der Bildung der Hagelkörner kausal verknüpfte Wärmeaustausch mit dem atmosphärischen Bildungsraum führt zur Entstehung eines schwammartigen Eisgerüstes, wobei die Hohlräume mit Wasser ausgefüllt sind. Je nach Kälte und Gefrierwärme sind die Eiswände dicker oder dünner, also die Kapillarsysteme in ihrem Ausmaße wechselnd. Die kristallographische c-Achse der Eiskristalle steht senkrecht auf die Bauzone.

Die Ergebnisse stützen die eingangs erwähnte Ansicht von HESS (1930: 3); die Resultate lassen aber noch keine endgültige Aussagen über die Bildung der Hagelkörner zu (LIST 1961: 35).

Ich erlaube mir, dem Naturhistorischen Museum in Wien, Geologisch-paläontologische Abteilung (Herrn Prof. Dr. H. ZAPFE) für die Beistellung und Beschaffung der Literatur, Herrn Doz. Dr. E. FLÜGEL (Technische Hochschule Darmstadt), Herrn Prof. Dr. A. PREISINGER (Mineralogisches Institut der Universität Wien), Herrn Dr. W. FRIEDRICH (Zentralanstalt für Meteorologie und Geodynamik Wien) für Diskussion und teilweise Durchsicht des Manuskriptes zu danken.

Dem Wohlwollen Herrn Prof. Dr. F. MACHATSCHKIS ist der Wiederbeginn der Untersuchung an den rezenten Ooiden bekannten Alters und beobachtbaren Wachstums zu verdanken. Untersuchungen, die im Ruhrgebiet unter der Leitung von Herrn Prof. Dr. C. HAHNE auf Vorkommen in den Ruhrkohlenbergwerken ausgedehnt wurden, und worüber auch in der Westfälischen Berggewerkschaftskasse Bochum eine beachtenswerte Ausstellung eingerichtet wurde, werden demnächst noch mitgeteilt werden. Diese Objekte sind in den dortigen Grubenwässern außerordentlich rasch gewachsen; die Untersuchungsergebnisse erweitern die Kenntnisse über die Bildung der Ooide beträchtlich.

12. Literaturverzeichnis

ADLER, R. E., M. KIRCHMAYER & A. PILGER: Klüfte und Schlechten im flözführenden Gebirge des Ruhrgebietes (Die geschichtliche Entwicklung der kleintektonischen Untersuchungen im Ruhrgebiet). — Bergb.-Wiss. *11*, Nr. 6, 121—140, 25 Abb. Goslar 1964.

BAKER, G. & A. C. FROSTICK: Pisoliths and oöliths from Australian caves and mines. — J. Sediment. Petrol., *17*, 39—67, Tulsa 1947.

— Pisoliths, ooliths and calcareous growths in limestone caves at Port Campbell, Victoria, Australia. — J. Sed. Petrol., *21*, 2, 85—104, pls. 1—3, 5 figs. a Tulsa 1951.

BALCH, H. D.: Wocky Hole: Its Caves and cave-dwellers. — Oxford (University Press) 1914.

BARCZYK, W.: On Cave Pisoliths from Wojcieszów (Polish Sudeten). — Acta geologica Polonica, *VI*, 327—336, 2 Fig., 1 Taf. Warszawa 1956.

BARTSCH, A.: Vermessung und Erforschung einer Höhle bei Scala-Minuto (Amalfi, Italien). — Die Höhle, 9. Jg., 3, 61—67, 5 Abb. Wien 1958.

BENICKY, V.: Prîspevok k dejinám demmänovskej l'a dovej jaskyne a k objaveniu jaskyne Mieru. — Slovensky Kras, *I*, 29—35, Abb. 25—44, Bratislava, Jahr unbekannt (mit deutscher Zusammenfassung).

BISSEL, H. J.: Silica in Sediments of the Upper Paleozoic of the Cordillieran Area. — in: H. A. IRELAND: Silica in Sediments. — Spec. Publ. *7*, 150—185, 12 Taf., 5 Fig., 1 Diagr. Tulsa (Soc. Ec. Pal. Min.) 1959.

CARL, J. D. & G. C. AMSTUTZ: Three-dimensional LIESEGANG-rings by diffusion in a colloidal matrix, and their significance for the interpretation of geological phaenomena. — Geol. Soc. Amer., Bull. *69*, 11, 1467—1468, 1 Taf. New York 1958.

CAROZZI, A. V.: Microscopic sedimentary petrography. — 485 S., 88 Abb. New York—London (Wiley & Sons) 1960.

CAROZZI, A. V.: Oolithes remaniées, brisées et régénérées dans le Mississippien des chaînes frontales, Alberta Central, Canada. — Arch. Sciences, *14*, 2, 281—296, 8 Fig. Genéve 1961.

CASTARET, N.: Dix ans sous terre. — 314 S., 23 Abb., 7 Fig. Paris (Perrin) 1933.

CONCHAR, J. & W. MANSON: „Cave Pearls" and other calcitic precipitations in Manuel Fireclay Mine Linlithgow. — Transact. Edinburgh Geol. Soc., *18*, 3, 221—229, 3 Taf., 1 Fig. Edinburgh 1961.

DAVIDSON, S. C. & H. E. MCKINSTREY: „Cave Pearls", oölites and isolated inclusions in veins. — Econ. Geol., *26*, 289—294, 2 Fig. New Haven 1931.

DAWKINS, B. W.: Cave Hunting. — London 1874.

DENNERT, H.: Kleine Chronik der Oberharzer Bergstädte und ihres Erzbergbaues. — 3. Aufl. von H. MORICH, 164 S., 28 Abb., 3 Taf. Clausthal (Pieper) 1954.

EARDLY, A. J.: Sediments of Great Salt Lake, Utah. — Bull. Amer. Ass. Petrol. Geol., *22*, 10, 1305—1411. Tulsa 1938.
EMMONS, W. H.: The state and density of solutions depositing metalliferous veins. — Trans. Americ. Inst. Mining Metall. Eng., *76*, 308—320. 1928.
ERDMANN, E.: Stalagmit — och pisolitardade bildningar i Höganäs stenkolsgrufa, Skåne. — Geol. Fören. Förhandl., *24*, No. 217, 7, 501—507, 5 Fig. Stockholm 1902.
FLÜGEL, E.: Methoden und Probleme mikrofazieller Untersuchungen in der Trias der Kalkalpen. — N. Jb. Geol. Paläont. Abh. Stuttgart 1962.
— Zur Mikrofazies der alpinen Trias. — Jahrb. Geol. Bundesanst. Wien, *106*, 205—228, 3 Taf., 2 Abb. Wien 1963.
FLÜGEL, E. & E. FLÜGEL-KAHLER: Mikrofazielle und geochemische Gliederung eines obertriadischen Riffes der nördlichen Kalkalpen (Sauwand bei Gußwerk, Steiermark, Österreich). — Mitt. Mus. Bergbau, Geol. Techn., Graz, *24*, 129 S., 10 Taf., 11 Abb., 19 Tab. Graz 1963.
FLÜGEL, E. & M. KIRCHMAYER: Zur Terminologie der Ooide, Onkoide und Pseudooide. — N. Jb. Geol. Paläont., Mh., 113—123, 2 Tab. Stuttgart 1962.
— Typlokalität und Mikrofazies des Gutensteiner Kalkes (Anis) der nordalpinen Trias. — Mitt. Naturwiss. Ver. Steiermark, *93*. Graz 1963.
FOOSE, R. M.: Orientation of Residual Minerals by Replacing Colloidal Solutions. — Penn. Acad. Sci., *19*, 95—98, 1 Taf., 1 Fig. Harrisburg 1945.
GASSER, G.: Die Mineralien Tirols, einschließlich Vorarlbergs und der Hohen Tauern. — 548 S., 1 Karte. Innsbruck (Wagner) 1913.
GASSER, G., K. BRAUNER & A. PREISINGER: Das Harnsteinproblem (I). — Zeitschr. Urologie, *49*, 3, 148—159, 15 Abb., 3 Tab. Leipzig 1956.
HESS, F. L.: Oölites or Cave Pearls in the Carlsbad Caverns. — Proc. U.S. Nat. Mus., *76*, No. 2813, art. 16, Jg. 1929, 1—5, Taf. 1—8. Washington 1930.
HOLMES, C. D.: Evolution of till-stone shapes, central New York. — Bull. Geol. Soc. America, *71*, No. 11, 1645—1660, 4 Fig., 8 Tab., 1 Taf. New York 1960.
ILLING, L. V.: Bahamian calcareous Sands. — Bull. Amer. Ass. Petrol. Geol. *38*, 1—95. Tulsa 1954.
KELLER, W. D.: „Cave Pearls" in a cave near Columbia, Missouri, J. Sediment. Petrol., *7*, 263—265. Tulsa 1937.
KETTNER, R.: Allgemeine Geologie III. — 460 S., 318 Abb., 1 Kartentaf., bes. S. 288. Berlin (Deutscher Verl. Wiss.) 1959.
KIRCHMAYER, M.: Untersuchungsbereiche in der Strukturgeologie. — N. Jb. Geol. Paläont., Mh., *1961*, 3, 151—155, 1 Tab. Stuttgart 1961.
— Zur Untersuchung rezenter Ooide. — N. Jb. Geol. Paläont., Abh., *114*, 3, 245—272, 2 Bild., 8 Tab., 10 Fig. Stuttgart 1962.
— Untersuchungen an rezenten Höhlenperlen. — „Die Höhle". Z. f. Karst- und Höhlenkunde, *12*, S. 56. Wien 1962.

KIRCHMAYER, M.: Höhlenperlen (Cave Pearls, Perles des Cavernes), Vorkommen, Definition sowie strukturelle Beziehung zu ähnlichen Sedimentsphäriten. — Anz. Akad. Wiss. Wien, math.-naturwiss. Kl., N. 10, 223—229. Wien 1963.
— Das Symmetrie-Konzept von CURIE 1884 in der Makrogefügekunde.— N. Jb. Geol. Paläont., Abh., *122*, 3, 343—350, 1 Tab. Stuttgart 1965.
KRUMBEIN, W. C. & L. L. SLOSS: Stratigraphy and sedimentation. — 497 S., 122 Abb., 43 Tab. San Francisco (Freemann & Co.) 1955.
KUENEN, P. H.: Water-faceted boulders. — Amer. J. Sci., *245*, 773—783. Washington 1947.
KUMM, A.: Zur Klassifikation und Terminologie der Sphaerite. — Zeitschr. deutsch. geol. Ges., *78* (1926), 1—34. Berlin 1927.
LEVESON, D. J.: Orbicular rocks of the Lonesome Mountain area, Beartooth Mountains, Montana and Wyoming. — Bull. Geol. Soc. Amer., *74*, 8, 1015—1040, 15 figs., 5 pls. New York 1963.
LIESEGANG, R. E.: Geologische Diffusionen. — 180 S., 44 Abb. Dresden—Leipzig (Steinkopff) 1913.
LIST, R.: Growth and structure of graupel and hailstones. — Eidgen. Komm. Hagelbild. Hagelabw., Wiss. Mitt. *27* (Monogr. 5, Americ. Geophys. U. 1960) 317—324, 11 Fig. Zürich 1960.
— On Growth of Hailstones. — Eidgen. Komm. Hagelb. Hagelabw. *33*, 19—38, 6 Fig. Zürich 1961.
MACKIN, J. H. & H. A. COOMBS: An occurence of ,,Cave Pearls" in a mine in Idaho. — Journ. Geol., *53*, 58—65, 4 Fig. Chicago 1945.
MOHR, K.: 400 Millionen Jahre Harzgeschichte. Die Geologie des Westharzes. — 92 S., 32 Abb., 1 Taf. Clausthal—Zellerfeld (Pieper) 1963.
MONAGHAN, P. H. & M. L. LYTLE: The origin of calcareous ooliths. — Journ. Sediment. Petrol., *26*, 2, 111—118, Fig. 1—3. Tulsa 1956.
NEWELL, N. D., E. G. PURDY & J. IMBRIE: Bahamian oölitic sand. — Journ. Geol., *68*, 5, 481—497, 4 Taf., 3 Fig., 3 Tab. Chicago 1960.
PASSEGA, R.: Texture as characteristic of clastic deposition. — Bull. Americ. Ass. Petrol. Geol., *41*, No. 9, 1952—1984, 17 Fig. Tulsa 1957.
PETTIJOHN, F. H.: Sedimentary rocks. — 2nd Ed., 718 S., 173 Fig., 40 Taf., 116 Tab. New York (Harper & Brothers) 1957.
POND, A. W.: Calcite oölites or ,,Cave Pearls" formed in a ,,Cave of the Mounds". — J. Sediment. Petrol., *15*, 55—58. Tulsa 1945.
ROTH, J.: Allgemeine und chemische Geologie. — 633 S. Berlin (Hertz) 1879.
ROYER, M.: Sur la nature minéralogique des quelques substances minérales nord-africaines; étude aux rayon X. — Acad. sci. Paris, Comptes rendus, *208*, 1591—1593. Paris 1939.
RUSNAK, G. A.: Some observations of recent oolites. — Journ. Sediment. Petrol. *30*, 3, 471—480, Fig. 1—7. Tulsa 1960.
SANDER, B.: Einführung in die Gefügekunde geologischer Körper. — Zweiter Teil. Die Korngefüge. — 409 S., 153 Abb. Wien—Innsbruck (Springer) 1950.

Sänger, R.: On the structure of ice-forming nuclei. — Zeitschr. angew. mathem. Phys., *VII*, 3, 213—218. Basel 1956.
Schade, H.: Zur Entstehung der Harnsteine und ähnlicher konzentrisch geschichteter Steine organischen und anorganischen Ursprungs. — Zeitschr. Chemie Industr. Kolloide (Kolloid.-Z.) *4*, Jg. 1909, 1. Sem., 175—180, 261—266, 7 Abb. Dresden 1909.
Schulz, H.: Fund eines schönen Erbsensteins. — Kosmos, *58*, 8, 368, 3 Abb. Stuttgart 1962.
Skalsky, A.: O perle jaskiniowej w Jaskini Olsztynskiej. — Speleologia, *I*, 4, 235—236, 1 Abb. Warszawa 1959 (m. franz. Zusammenfassung).
Twenhofel, W. H.: Treatise on Sedimentation. — 926 S., 121 Abb. London (Baillière, Tindall & Cos) 1932.
— Principles of Sedimentation. — 2nd Ed., 673 S., 81 Abb. New York—Toronto—London (McGraw Hill) 1950.
Usdowski, H. E.: Die Entstehung der kalkoolithischen Fazies des norddeutschen Unteren Buntsandsteins. — Beitr. Mineral. Petrogr., *8*, 141—179, 25 Abb. 1962.
Walker, T. R.: Carbonate replacement of detrital crystalline silicate minerals as source of authigenic silica in sedimentary rocks. — Geol. Soc. Amer. Bull., *71*, 145—152, 2 Taf., 2 Fig. New York 1960.
— Reversible nature of chert-carbonate replacement in sedimentary rocks. — Geol. Soc. Amer. Bull., *73*, 237—242, 2 pls. New York 1962.
Werner, F.: Zur Kenntnis der Eisenoolithfazies des Braunjura ß von Ostwürttemberg. — Arb. Geol. paläont. Inst. T. H. Stuttgart, N. F., *23*, 54 Abb., 7 Taf., 8 Tab. Stuttgart (Verl. Techn. Hochsch.) 1959.
Wieseneder, H. & A. Kaufmann: Zur Auswertung der Korngrößenanalysen von Sanden. — Erdöl-Z., 8, 2—7, 4 Abb. Wien—Hamburg 1957.

Die in den Sitzungsberichten Abtlg. I und Abtlg. II der math.-nat. Klasse der Österr. Ak. d. Wiss. erscheinenden Abhandlungen werden auch einzeln abgegeben. Sie können durch jede Buchhandlung oder direkt durch die Auslieferungsstelle der Österreichischen Akademie der Wissenschaften (Wien I, Singerstraße 12) bezogen werden.

Nachfolgende Abhandlungen aus dem Fache **Botanik** (Biologie) sind erschienen:

1957 (S I Bd. 166):

Politis J.: Über die „Tanninoplasten" oder Gerbstoffbildner der Crassulaceae (mit 2 Textabbildungen und 1 Tafel). S 6.—
Politis J.: Über einen neuen Pflanzenfarbstoff in den Blüten einiger Verbascum-Arten (mit 2 Tafeln). S 5.20
Übeleis Ilse: Osmotischer Wert, Zucker- und Harnstoffpermeabilität einiger Diatomeen (mit 1 Textabbildung). S 30.40

1958 (S I Bd. 167):

Höfler Karl: Permeabilitätsstudien an Parenchymzellen der Blattrippe von Blechnum spicant (mit 5 Textabbildungen). S 45.—
Rechinger K. H., Dulfer H. und Patzak A.: Širjaevii fragmenta astragalogica IV. S 28.10
Url Walter: Zur Wirkung der Atmungsgifte Natriumazid und Dinitrophenol auf die Permeabilität von Blechnum spicant-Zellen (mit 3 Textabbildungen). S 25.—
Wawrik Friederike: Hochgebirgs-Kleingewässer im Arlberggebiet III (mit 3 Textabbildungen und 1 Tafel). S 18.90

1959 (S I Bd. 168):

Biebl Richard: Röntgenstrahlenwirkungen auf Commelinaceenstecklinge (Total- und Partialbestrahlungen) (mit 9 Tabellen und 5 Textabbildungen). S 31.20
Höfler Karl: Über die Gollinger Kalkmoosvereine (mit 1 Textabbildung und 1 Tafel). S 34.50
Höfler Karl und Fetzmann Elsa Leonore: Algen-Kleingesellschaften des Salzlackengebietes am Neusiedler See I (mit 1 Tafel). S 21.50
Hustedt Friedrich: Die Diatomeenflora des Salzlackengebietes im österreichischen Burgenland (mit 31 Textabbildungen und 1 Tafel). S 53.90
Luhan Maria: Zur Wurzelanatomie unserer Alpenpflanzen. IV. Compositae (mit 9 Textabbildungen und 4 Tafeln). S 36.90
Pfoser Karl: Vergleichende Versuche über Verholzungsreaktionen und Fluoreszenz (mit 2 Textabbildungen und 2 Tafeln). S 18.70
Rechinger K. H., Dulfer H. und Patzak A.: Širjaevii fragmenta astragalogica. S 29.40
Wendelberger Gustav: Die Vegetation des Neusiedler See-Gebietes. S 7.20

1960 (S I Bd. 169):

Bolay Erika: Die Vitalfärbung voller Zellsäfte und ihre cytochemische Interpretation (mit einer Textabbildung und 5 Tafeln). S 49.—
Ehrendorfer F.: Neufassung der Sektion Lepto-Galium Lange und Beschreibung neuer Arten und Kombinationen (zur Phylogenie der Gattung Galium, VII). S 12.—
Franz Gertrude: Die Mikroflora einiger Standorte im Leithagebirge in ihrer Abhängigkeit von Boden und Vegetationsdecke (mit 22 Textabbildungen). S 88.—
Pruzsinszky S.: Über Trocken- und Feuchtluftresistenz des Pollens (mit 12 Abbildungen auf 6 Tafeln). S 63.40

1961 (S I Bd. 170):

Fetzmann Elsalore, Vegetationsstudien im Tanner Moor (Mühlviertel, Oberösterreich) (mit 2 Textabbildungen und 2 Tafeln). S 170–3, S 23.—
Pruzsinszky Siegfried und Url Walter, Ein Beitrag zur Desmidiaceenflora des Lungaues. S 170–1, S 9.—
Rechinger K. H., Dulfer H. und Patzak A., Širjaevii fragmenta astragalogica XIII. bis XVII. Teil. S 170–2, S 56.—

1962 (S I Bd. 171):

Niklfeld Harald, Über die Pflanzengesellschaften der Fels- und Mauerspalten Südfrankreichs (mit 1 Textabbildung und 1 Falttabelle) 171–23, S 52.—
Url Walter, Permeabilitätsversuche an Stengelepidermiszellen von Gentiana germanica und Gentiana ciliata (mit 3 Textabbildungen) 171–16, S 40.—

If you have any concerns about our products,
you can contact us on
ProductSafety@springernature.com

In case Publisher is established outside the EU,
the EU authorized representative is:
**Springer Nature Customer Service Center GmbH
Europaplatz 3, 69115 Heidelberg, Germany**

Printed by Libri Plureos GmbH
in Hamburg, Germany